珍稀

A New Guide to Rare and Endangered Plants in China

中国濒危植物新编（上）

—— 杨 永 张寿洲 主编 ——

深圳报业集团出版社
SHENZHEN PRESS GROUP PUBLISHING HOUSE

出 品 人：胡洪侠
责任编辑：彭春红 魏孜文
技术编辑：杨 杰 何杏蔚
装帧设计：友间文化

图书在版编目（CIP）数据

中国濒危植物新编 / 杨永，张寿洲主编.
—深圳：深圳报业集团出版社，2023.7
ISBN 978-7-80709-905-5

Ⅰ. ①中… Ⅱ. ①杨… ②张… Ⅲ. ①濒危植物—介绍—中国
Ⅳ. ① Q948.52

中国版本图书馆 CIP 数据核字（2022）第 232612 号

中国濒危植物新编

ZHONGGUO BINWEI ZHIWU XINBIAN

杨永 张寿洲 主编

深圳报业集团出版社出版发行
（518034 深圳市福田区商报路 2 号）
深圳市金丽彩印刷有限公司印制 新华书店经销
2023 年 7 月第 1 版 2023 年 7 月第 1 次印刷
开本：787mm×1092mm 1/16
字数：662 千字 印张：45
ISBN 978-7-80709-905-5 定价：420.00 元（上下册）

编委会

作者： 杨　永（南京林业大学）

张寿洲（深圳市中国科学院仙湖植物园）

Authors: Yang Yong (Nanjing Forestry University)

Zhang Shouzhou(Shenzhen & Chinese Academy of Sciences Fairy Lake Botanical Garden)

摄影：（以姓氏拼音为序）

陈炳辉　陈文俐　达　来　龚　洵　郭丽秀　郭志友

侯学良　黄俞淞　蒋　宏　金维胤　赖阳均　李爱莉

李海文　李世晋　刘　冰　刘　健　覃海宁　秦新生

税玉明　宋柱秋　童恬静　王　康　王瑞江　肖天文

许为斌　薛彬娥　杨宗愈　叶建飞　于胜祥　余志祥

袁　琼　张志勇　张宪春　曾　刚　曾佑派

Photograph

Chen Binghui, Chen Wenli, Da Lai, Gong Xun, Guo Lixiu, Guo Zhiyou, Hou Xueliang, Huang Yusong, Jiang Hong, Jin Weiyin, Lai Yangjun, Li Aili, Li Haiwen, Li Shijin, Liu Bing, Liu Jian, Qin Haining, Qin Xinsheng, Shui Yuming, Song Zhuqiu, Tong Tianjing, Wang Kang, Wang Ruijiang, Xiao Tianwen, Xu Wei-Bin, Xue Bine, Yang Zongyu, Ye Jianfei, Yu Shengxiang, Yu Zhixiang, Yuan Qiong, Zhang Zhiyong, Zhang Xianchun, Zeng Gang, Zeng Youpai

序

preface

植物将光能转化为生物能够使用的能源，是地球生态系统中的初级生产者，动物、微生物等其他生命的存在均依赖于植物。对于人类来说，植物的意义不止于此，除了可用于衣（棉花、大麻、桑树等）、食（茶、咖啡、苹果、香蕉、芒果、水稻、小麦、玉米、土豆等）、住（松属、杉木、冷杉属、云杉属、水曲柳、榆树等提供木材用于制作木屋、衣柜、木地板等）、行（马车、木筏、独木舟等）外，还提供人类呼吸的氧气（植物光合作用的产物）、治疗疾病的药物（黄花蒿*Artemisia annua*、黄芪*Astragalus mongholicus*、麻黄*Ephedra* spp.、肉苁蓉*Cistanche deserticola*、金鸡纳*Cinchona calisaya*、黄连*Coptis chinensis*、厚朴*Houpoëa officinalis*等）还可用于观赏（兰花、苏铁类、雪松、海棠、月季、牡丹等）、净化水源、防风固沙（草麻黄*Ephedra sinica*、甘草*Glycyrrhiza uralensis*等）等等，可以说，从生到死，人们一刻也离不开植物。地球上高等植物约有39万种，它们覆盖于地球的陆地表面构成地表植被。然而，这些植物资源也并非无穷无尽的。

据联合国人口基金发布的《2022年世界人口状况》

序

全球报告显示，现阶段世界人口总数已达80亿人。如此庞大的人口数量对自然环境造成了巨大的压力。人类对植物的直接需求或者对其生存环境的破坏，使得地球上很多种类的植物已经绝灭或者正面临着灭顶之灾，很多物种甚至在我们尚未了解的情况下就已经绝灭。全球植物保护战略（GSPC，Global Strategy for Plant Conservation）于2010年完成了全球植物物种的一个名单，即植物名录（The Plant List），于2020年完成了全球在线植物志，以辅助日益紧迫的保育工作。

物种濒危和绝灭的原因有很多，归纳起来，主要有如下六种。第一，内在因素引起的濒危。自然界的物种优胜劣汰，自然选择在其中起着关键作用，地球上不断有物种形成和绝灭。例如，冰期导致很多物种分布区缩小，甚至绝灭，水杉*Metasequoia glyptostroboides*、银杉*Cathaya argyrophylla*、银杏*Ginkgo biloba*等濒危种就在冰期就差点儿绝灭。但是，植物自然绝灭的速率是非常缓慢的，与人类引起的物种灭绝相比，自然灭绝速率可忽略不计。第二，人类直接利用植物导致物种濒危或灭绝，如很多重要木材树种、药用植物、苏铁类、兰科植物。第三，农业垦荒、经济植物种植（茶、橡胶树、香蕉、桉树、人参等）、修路、建筑、水库、水电站和旅游资源开发等导致生境退化或丧失，从而导致一些物种濒危。第四，人口数量暴增导致碳排放增加，碳排放引起全球气候变暖，变暖导致物种濒危，如冷杉属植物适应于冷湿环境，现今生长在高海拔区成为纯林，在气候进一步变暖的情况下，这些物种逐渐向更高海拔区迁移，已经到达山顶的植物，自然走向绝灭。历史上，冷杉属植物在冰期向低海拔迁移，其分布区曾经扩大过。第五，外来种入侵导致本土物种濒危。在新的生境中，丧失了原生态

系统中的种间关系，一种叫做“生态释放”的机制使得这些外来种的分布区在新环境中大规模快速扩张，化感作用抑制本土物种的生长和发育，导致本土物种濒危。第六，环境污染对物种濒危的影响不容忽视，尤其是土壤污染和水污染。中国是农业大国，化学农药在控制农业虫害中使用十分普遍。造纸、开矿等使用有毒化学试剂，以及工厂排污都会造成土壤和水环境的污染。很多脆弱生态环境中生存的濒危物种，如湿地环境中生存的水韭属（*Isoëtes*）植物等，如果环境被污染了，这些物种的生存概率十分渺茫。因此，生态敏感区的污染源控制对于濒危物种生境保护十分关键。

一、关于珍稀濒危的几个概念

在日常交流中，不论是研究人员还是普通公众，常常会混淆与濒危物种相关的几个概念，即珍稀、濒危、保护、特有、孑遗、CITES附录等。本书旨在传递物种保育的知识和保育理念，因此，首要任务是要讲清楚这些概念及它们之间的区别和联系。

1. 特有（endemic）：强调物种的分布区，是指物种仅分布于某个特定的地方，可以是一个洲、一个行政区或者是一个自然地理区，如东亚特有科银杏科、杜仲科、珙桐科，贺兰山特有种斑子麻黄*Ephedra rhytidosperma*等。

2. 孑遗（relictual）：强调物种的进化历史，是指曾经广泛分布的古老种系经历地质历史时期的环境变化（如冰期）而仅部分残遗至今，也称为残遗，如银杏、水杉、金钱松、台湾杉*Taiwania cryptomerioides*、杉木、银杉、珙桐*Davidia involucrata*、杜仲*Eucommia ulmoides*、连香树*Cercidiphyllum japonicum*和水青树*Tetracentron sinense*等，很多为活化石。

3. 稀有（rare）：强调野外出现的频度，是指比较罕见的种类，尚未进行红色名录评估，也称为珍稀种，与常见种相对。这类植物由于其稀有属性，可能

序

属于某个濒危等级，应尽快开展红色名录评估工作。

4. 濒危（endangered）：是指由于内在或外在的原因，而使得种系濒临灭绝，狭义地讲，濒危是指由于人类活动导致物种面临灭绝风险，如过度利用、生境破坏、环境污染、全球气候变暖及外来种入侵等因素导致物种面临灭绝的风险。严格地讲，濒危是指按照世界自然保护联盟（IUCN）红色名录的等级和标准进行评估后，列入极危（CR）、濒危（EN）和易危（VU）等级的物种，它们在将来会面临灭绝的风险。IUCN红色名录于1963年开始编制，是全球动植物物种濒危现状最全面的名录，由该组织建立的红色名录等级和标准被认为是衡量生物多样性状况最具权威的指标体系。物种生存委员会（Special Survival Commission，简称SSC）定期组织专家对物种自然生存状况进行评估。红色名录濒危等级及标准包含9个级别（见图1）：

绝灭（EX，Extinct）：是指某分类群的最后一个个体已经死亡。当在恰当的时间，对目标分类群已知和潜在生境进行详尽的调查之后，在其历史分布区内没有发现任何一个个体，该分类群即被认定为绝灭。但须按照该分类群的生活史和生活型来确定适合于该分类群的调查时间段。

野外绝灭（EW，Extinct in the Wild）：是指其仅存活于栽培、圈养条件下，或仅在历史分布区之外的地方以归化种群生存。当在适当时间，对已知和潜在生境开展详尽的调查之后，在其历史分布区没有发现任何一个个体，该分类群即被认定为野外绝灭。但须按照该分类群的生活史和生活型来确定适合于该分类群的调查时间段。

极危（CR，Critically Endangered）：是指有可靠证据表明

某一分类群的生存现状符合极危标准A至E中的任何一条时，其野生种群面临极高的绝灭风险。

濒危（EN，Endangered）：是指当有可靠证据表明某一分类群的生存现状符合濒危标准A至E中的任何一条时，其野生种群面临非常高的绝灭风险。

易危（VU，Vulnerable）：是指当有可靠证据表明一分类群的生存现状符合易危标准A至E中的任何一条时，其野生种群面临比较高的绝灭风险。

近危（NT，Near Threatened）：是指用濒危标准评估时，目标物种的生存状况目前还不符合极危、濒危或易危，但是接近易危，或在不远的将来可能列入受威胁等级时，该类群被认定为近危。

无危（LC，Least Concern）：是指用濒危标准评估时，目标类群不符合极危、濒危、易危或近危时，该分类群即列为无危。广布的和丰度高的分类群被列入无危。

数据缺乏（DD，Data Deficient）：是指当目标分类群缺少关于分布和种群生存状态的信息时，无法对其作出直接或间接的绝灭风险评估，该分类群被列入数据缺乏等级。列入该等级的分类群也可能被细致地研究过，其生物学比较清楚，但缺少有关其丰度和（或）分布方面的数据。列入该等级表明该分类群需要更多的信息，且承认未来的研究会给出恰当的受威胁等级分类。重要的是要正确使用任

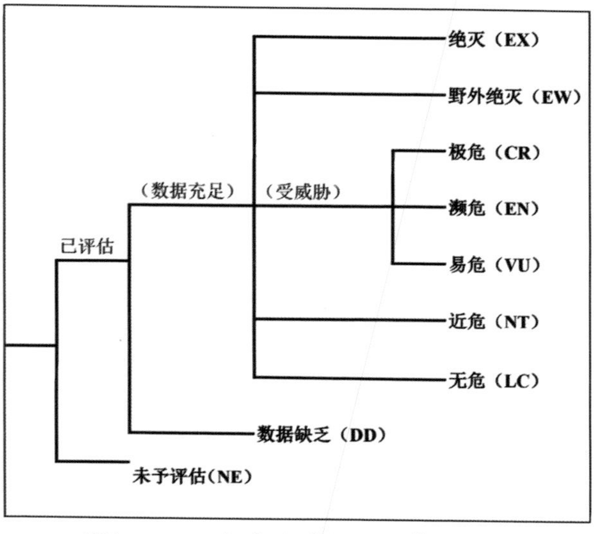

图1　IUCN红色名录评估的等级体系

何能获取的数据。多数情况下，确定一分类群属于数据缺乏还是受威胁等级时应当十分谨慎。如果一分类群的分布区被认为相对局限，且该分类群最近一次的采集记录已经过了相当长的时间，那么该分类群最好被列入受威胁等级。

未予评估（NE，Not Evaluated）：是指如果目标分类群目前还未用本标准进行评估，则该分类群可列入未予评估。

5. 保护（protected）：是指由于珍稀濒危、古老孑遗或重要种质资源等原因而受国家法律保护的物种。目前适用保护物种的法律是于1996年9月30日颁布并于1997年1月1日起执行的《中华人民共和国野生植物保护条例》，该条例的配套植物名录，即《中国国家重点保护野生植物名录（第一批）》于1999年8月4日由国务院批准，并由国家林业局和农业部发布，1999年9月9日起施行。2001年8月4日，农业部、国家林业局发布第53号令，将念珠藻科的发菜（*Nostoc flagelliforme*）保护级别由二级调整为一级。苏铁属的全部种类、银杏、银杉等在此列。违反此条例，滥采滥挖，将会受到法律的制裁。经国务院批准，国家林业和林草局、农业农村部公告（2021年第15号）于2021年9月7日公布新版《国家重点保护野生植物名录》，同时废止1999版《国家重点保护野生植物名录（第一批）》。2021版《国家重点保护野生植物名录》是对1999版的调整和修订，共列入国家重点保护野生植物455种和40类，使得中国保护物种数量增加到1100种之多。

6. 濒危野生动植物种国际贸易公约CITES（Convention on International Trade in Endangered Species of Wild Fauna and Flora）：又称为指华盛顿公约，于1973年在美国的华盛顿缔约，并于1975年生效。我国于1981年加入，该公约目前已有160多个缔

约国。CITES的精神在于管制而非完全禁止野生物种的国际贸易，其用物种分级与许可证的方式，以达成野生物种市场的可持续利用。CITES管制国际贸易的物种，可归类成三项附录，附录Ⅰ的物种为若再进行国际贸易会导致灭绝的动植物，明确规定禁止其国际性的交易。附录Ⅱ的物种则为目前无灭绝危机，管制其国际贸易的物种，若仍面临贸易压力，族群量继续降低，则将其升级入附录Ⅰ。附录Ⅲ是各国视其国内需要，区域性管制国际贸易的物种。如：苏铁科的印度苏铁（*Cycas beddomei*）被列入了CITES附录Ⅰ管制，苏铁科的其余种类被列入了附录II管制，禁止国际贸易。违反CITES交易这些濒危物种将受到处罚和制裁。

7. 极小种群植物（PSESP，Plant Species with Extremely Small Population）： 是指分布地域狭窄，长期受到外界因素胁迫干扰，呈现出种群退化和个体数量持续减少，种群和个体数量都极少，已经低于稳定存活界限的最小生存种群，而随时濒临灭绝的野生植物。目前知道的存活植株少于10株的植物种类有百山祖冷杉*Abies beshanzuensis*、普陀鹅耳枥*Carpinus putoensis*、天目铁木*Ostrya rehderiana*、绒毛皂荚*Gleditsia japonica* var. *velutina*、广西火桐*Erythropsis kwangsiensis*等，巧家五针松*Pinus squamata*有30株，银杉少于5000株。极小种群植物有四大特点：（1）种群数量少；（2）生境狭窄；（3）受人类干扰严重；（4）随时面临灭绝危险。

列入上述类别的植物种类通常分布区狭窄，植株数量较少，一些成为极小种群植物，甚至被列入野生物种保护名录和华盛顿公约附录中。这七个概念中，特有种、孑遗种、稀有种、濒危种和极小种群植物仅有学术研究价值，而不具法律效力，而保护物种和CITES附录种类则具法律效力。此外，这些概念之间并不是彼此排斥的，它们之间你中有我，我中有你，如特有种也可能是孑遗种、稀有种、濒危种和极小种群植物，也可能是保护植物和列入CITES附录的植物。

二、我国的濒危植物及保育概况

国际自然保育联盟（International Union for Conservation of Nature，即IUCN）物种生存委员会负责全球物种濒危现状的评估。全球有22%的物种的自然生存受到了威胁，苏铁类植物受威胁种类高可达62%。中国是生物多样性大国，我国植物学研究人员于本世纪初已经完成《中国植物志》和Flora of China两部大型著作，初步摸清了我国植物的家底。根据2022年光盘版的《中国生物物种名录》统计，我国高等植物种类多达45793个接受名称，分属于483科、4275属、38287种和7506种下等级。环境保护部与中国科学院2023年发布的数据表明，我国约有10.39%的植物种类的自然生存受到了威胁。这是依据红色名录等级和标准对我国全部植物种类开展的评估，结果较全球水平上的植物受威胁程度（约22%）低了很多，可能严重低估了野生物种的受威胁程度。

《草原英雄小姐妹》的故事发生在20世纪60年代，龙梅和玉荣小姐妹生活在内蒙古包头白云鄂博，当时的环境是“风吹草低见牛羊”，而当我们2010年去调研自然保护情况的时候，发现由于过度放牧、农田开垦和稀土矿开发等原因，那里已经成为荒漠化草原。自然环境变化对这个地区植物种类的生存是决定性的，开矿、放牧、农田开垦等因素直接导致植被退化。由于缺少历史时期物种编目资料，因此，究竟有多少物种消失也无从知晓。

云南西双版纳是我国植物种类最为丰富的地区。王文采院士有着敏锐的洞察力。20世纪50年代，开展中苏联合考察的时候，王文采院士乘飞机到西双版纳考察，当从空中向下望去时，他看到的是一望无际暗绿色的森林，而当他在20世纪90年代再次访问西双版纳

的时候，他从空中向下望去，却发现原本暗绿色的原始森林已经变成浅黄绿色的森林。原始森林遭到疯狂的砍伐，取而代之的是橡胶林、香蕉林、茶园等重要经济林。森林结构变化和物种多样性的丧失导致从空中望去能明显看到植被颜色的改变。云南南部物种多样性极高，现在仍然是新物种发现的重要地区。我们在中越边境区发现的陀螺果琼楠（*Beilschmiedia turbinata*）仅有40株，濒危等级属于极危，新种于2013年发表。而当2016年，我们再次访问这个地区的时候，发现当地正在修一条宽阔的大路。环境巨变使得无数物种的生境丧失，从而濒危或者灭绝。

物种如果分布面积过小（小于20平方千米），成熟植株数量过少（少于1000株），或者过去三个世代以内种群数量减少速度过快（超过30%），都可能导致濒危。在红色名录实际评估过程中，分布面积和植株数量是常用的两个指标，种群动态指标由于缺少长期观测数据，因而很少使用。应该指出的是，20世纪，我国植被环境变化快速，像内蒙古草原退化以及西双版纳植被那样的变化在我国十分常见，因此，种群数量减少致危的濒危植物有很多。

很多濒危植物种类的株数少、分布区狭窄。据顾云春（2003）的调查报告，原产地野生植株仅1—10株的植物种类有12种，包括普陀鹅耳枥（*Carpinus putoensis*）、绒毛皂荚（*Gleditsia japonica* var. *velutina*）、丹霞梧桐（*Firmiana danxiaensis*）、广西火桐（*Erythropsis kwangsiensis*）、百山祖冷杉（*Abies beshanzuensis*）、羊角槭（*Acer yangjuechi*）、云南蓝果树（*Nyssa yunnanensis*）、猪血木（*Euryodendron excelsum*）、天目铁木（*Ostrya rehderiana*）、华盖木（*Manglietiastrum sinicum*，≡*Pachylarnax sinica*）、滇桐（*Craigia yunnanensis*）、膝柄木（*Bhesa sinensis*）；11—100株的植物种类有9种，包括峨眉拟单性木兰（*Parakmeria omeiensis*）、天台鹅耳枥（*Carpinus tientaiensis*）、景东翅子树（*Pterospermum kingtungense*）、巧家五针松（*Pinus squamata*）、紫檀（*Pterocarpus indicus*）、梓叶槭（*Acer catalpifolium*）、异形玉叶金花

（*Mussaenda anomala*）、广西青梅（*Vatica guangxiensis*）和毛枝五针松（*Pinus wangii*）。近年来才发现的金柏（*Xanthocyparis vietnamensis*）在国内有45株；仅存101—1000株的木本植物有12种，包含水松（*Glyptostrobus pensilis*）、落叶木莲（*Manglietia decidua*）、毛瓣金花茶（*Camellia pubipetala*）、大别山五针松（*Pinus dabeshanensis*）、凹脉金花茶（*Camellia impressinervis*）、喙核桃（*Annamocarya sinensis*）、长果安息香（*Changiostyrax dolichocarpa*）、多毛坡垒（*Hopea mollissima*）、元宝山冷杉（*Abies yuanbaoshanensis*）、顶生金花茶（*Camellia pingguoensis* var. *terminalis*）、红榄李（*Lumnitzera littorea*）；仅存1001—5000株的木本植物有9种，如云南肉豆蔻（*Myristica yunnanensis*）、长序榆（*Ulmus elongata*）、云南金钱槭（*Dipteronia dyerana*）、资源冷杉（*Abies ziyuanensis*）、朝鲜崖柏（*Thuja koraiensis*）、大树杜鹃（*Rhododendron protistum* var. *giganteum*）、滇南风吹楠（*Horsfieldia tetratepala*, =*Horsfieldia kingii*）、单性木兰（*Kmeria septentrionalis*, ≡*Woonyoungia septentrionalis*）、银杉（*Cathaya argyrophylla*）。还有很多已经濒危的物种正在面临灭绝的威胁，如果不采取有效措施进行保育，这些濒危物种将走向灭绝，还有更多尚未濒危的物种也会走向濒危和灭绝。

濒危物种的致危因素有很多，总的来说，主要有如下五大类人为原因：过度利用、生境破坏、环境污染、全球气候变暖、外来种入侵。对一些极小种群植物种类来说，自身繁殖能力差、种间竞争能力弱、自然更新困难也是不可忽视的因素。在这些因素中，生境破坏和生境质量退化构成了当今植物物种濒危的主要原因。根据2013年环境保护部的报告，60%以上的濒危种类是由于生境退化导

致。其次是直接采挖导致物种濒危，占濒危种类的27%以上。再次是物种内在因素。环境污染和气候变化等导致的物种濒危比例很小，或者说是人们的针对性调查比较少，因此，在该报告中，这些因素所导致的濒危物种很少。这些致危因素还需要加强研究。导致物种濒危的因素是随着社会发展而发展变化的，过去的评估生境退化是主要原因，也许下次评估的时候，其他因素会成为主要原因。应该警惕的是，环境污染和气候变化的影响，尤其是气候变化在未来对植物的影响将是规模性的。我们对濒危物种白豆杉的研究发现，在未来气候变暖的情况下，白豆杉的适生生境将变得破碎化。

保育分就地保育（*In situ*）和迁地保育（*Ex situ*）。就地保育是指以在濒危物种原产地建立自然保护区的形式对目标物种进行保育的方式。围栏封育策略在过去确实对濒危物种就地保育有过促进作用，隔离了人为因素的影响，濒危物种自然居群得到一定程度的恢复。然而，一些竞争力较弱的濒危物种，如攀枝花苏铁、仙湖苏铁和银杉等比较原始的种子植物，与比较晚出的阔叶树种相比，它们的竞争能力较弱。因此，围栏封育以来，自然植被恢复，具有更强竞争力的阔叶树种在群落中逐渐占优势，取代了这些濒危物种的优势地位，另外，围栏封育防止山林火烧，导致林下枯枝落叶层过厚，使得濒危物种的种子落地后，萌发时难以扎根到土壤中，种群难以自然更新。因此，保育不是简单的保护，过度保护将导致这些濒危物种的进一步濒危，甚至灭绝。进行濒危物种保育需要针对性策略。建立保护区，保护大环境，针对濒危物种特性，改善小生境，是濒危物种保育的总体思路，但是，具体问题需要具体考虑，不能一概而论。自然保护区是濒危物种赖以生存的根基和就地保育的重要基地。1956年9月，我国的五位科学家秉志、钱崇澍、杨惟义、秦仁昌、陈焕镛提出建立自然保护区，第一处为鼎湖山国家级自然保护区。20世纪60年代初期，全国共建立（或规划了）20处自然保护区，保护对象主要为原始森林植被和珍稀野生动植物资源。“文化大革命”时期，自然保护区发展缓慢甚至处于停滞阶段，自然保护区遭到严重破坏，如云南省西双版纳傣族自治州1958年建立的4处保护区中的大勐龙保护区完全失去保护价值。1972年，中国参加联合国人类环境和发展大会，开始对环境问题逐步重视起来。自然保护区建设再次复苏，建立了青海湖和四川卧龙等一批自然保护区。至1978年年底，中国建立了45处保护区。改革开放以来，自然保护区如雨后春笋般蓬勃发展，一系列法律法规先后出台，保护区的数量和面积迅速增加和扩大。全国生态建设规划，特别是全国野生动植物保护及自然保护区建设工程实施以来，自然保护区事业发展显示出跨越式发展势头。我国陆续建立并已基本形成类型比较齐全、布局基本合理、功能相对完善的自然保护区体系。据中国自然保护区网站（http://www.zrbhq.cn）介绍，截至2018年底，我国（不含香港、澳门、台湾）共建立各种类型不同级别的自然保护区2750个，其中国家级474个，自然保护区总面积达到147万平方千米，约占全国陆地面积的14.84%，全国超过90%的陆地自然生态系统都建有代表性的自然保护区，89%的国家重点保护野生动植物种类在自然保护区内得到保护，部分珍稀濒危物种野外种群逐步恢复。苑虎等（2009）估计我国的国家级自然保护区保护了80%的重点保护植物种类。由于该项研究仅考虑第一批国家保护植物的246种和8类，远少于2017年公布的濒危植物种类（3879种），我们估计在自然保护区内得到保护的濒危植物比例可能很低，具体情况还需要开展相关的研究。

迁地保育是指将濒危物种从其原产地移栽至植物园的保育方式。开展迁地保育对于濒危物种保育有重要意义。濒危物种进入植物园使得公众有更多机会了解濒危物种，可引导和鼓励公众参与濒危物种保育。另外，植物园内便于观察和研究濒危物种的生活史，更好地研究濒危物种，并可据此针对性地制订保育策略。再有，保

育的目的是通过恰当的方式使得濒危物种在其原产地种群复壮，并可在自然生态系统中繁衍生息。要做到这一点，就需要在植物园内对濒危物种进行育苗和繁殖，经科学回归实验论证后，进行回归（reintroduction），即将植物园中培育的濒危物种植株移栽回其原产地。结合迁地保育，建立濒危物种的种子库和离体库，对于濒危物种的保育十分重要。植物园是迁地保育的重要基地。据黄宏文和张征（2012）统计，我国植物园迁地保育栽培植物约396科、3633属、23340种，其中濒危植物约1500种，不到我国濒危植物总数的40%。虽然多数植物园建有珍稀濒危植物专类园，也对区域内的重点濒危植物进行了重点收集，对华盖木、德保苏铁等种开展了卓有成效的自然回归工作，但是，由于我国濒危植物数量大、涉及植物类群多且濒危原因复杂，以及缺乏国家层面的长远规划和科技投入，因此，与我国受威胁植物总体情况相比较，濒危植物迁地保育工作还任重道远。

濒危物种保育要有针对性。据2013年发布的《中国生物多样性红色名录——高等植物卷》评估报告，我国濒危物种受威胁的主要原因在于生境退化和丧失（达60%）和滥采滥挖（达27%），两项合计达87%以上。因此，建立并管理好自然保护区仍然是当前保育濒危物种最紧要的任务。对于那些极小种群和自然恢复能力弱的植物种类的保育，则应在自然保护区建立的基础上，采取针对性措施。攀枝花苏铁（*Cycas panzhihuaensis*）于1981年正式命名。1983年，渡口市建立自然保护区以保护该种。自1996年升级为国家级自然保护区以来，攀枝花苏铁种群隔离人为采挖和开矿等生境退化和丧失的影响，种群数量下降得到有效遏制，但是，自2010年以来，由于缺少了天然火干扰，保护区内阔叶树种快速生长，攀缘植物繁盛，禾本科和入侵种紫茎泽兰等杂草丛生，使得攀枝花苏铁生长缓慢，种子萌发和幼苗成长受限，种群自然更新困难。历史上，四川攀枝花苏铁国家级自然保护区属于一种特殊的偏途顶级群落，即攀枝花苏铁为优势种的干热河谷稀疏灌丛植被，天然火是这种植被类型维系的重要因子。针对这种状况，保护区管理局根据苏铁耐火烧的特点，果断采取了计划火烧策略。据我们2010—

2014年间的连续调查，攀枝花苏铁生长和种群恢复良好。仙湖苏铁和银杉的保育也属于类似的情况，它们的有效保育也应在建立自然保护区的基础上，采取人工抚育措施，改善小生境，才能有效复壮这些濒危物种的自然种群。

三、我国濒危植物名录和相关著作

植物是地球上生态系统的初级生产者，它们不仅为其他生物种类提供食物，而且它们覆盖地表构成的植被为动物和人类提供了栖息地。然而，人口增长对植物物种及其构成的植被造成了巨大的的压力。截至2022年11月15日，全球人口总数达80亿，人类对植物资源的直接利用，对植被的破坏，以及社会经济活动中形成的环境污染、碳排放和外来种入侵等都直接或间接地造成了全球植物种类的濒危。如何保育濒危物种以及合理可持续利用全球植物物种资源，是21世纪人类迫切需要解决的问题，是生物多样性领域的研究热点问题。各国科学家、社会公众和政府无不对濒危物种及保育高度重视，我国亦然。

我国科学家和政府认识到自然保护重要性比较早。由五位著名科学家在第一届全国人大三次会议上倡导，并于1956年建立的鼎湖山国家级自然保护区就是一例。但是，由于种种原因，直到进入20世纪80年代初，针对物种的保护工作才开始有实质性进展。

国务院环境保护委员会（现为环境保护部）于1984年公布了《珍稀濒危保护植物名录》，收载植物354种。1987年国家环境保护局（现为环境保护部）和中国科学院植物研究所出版《中国珍稀濒危植物保护名录（第一册）》收录蕨类、裸子植物和被子植物共

388种。这些植物构成了此后中国濒危植物研究的核心种类。1989年，傅立国的《中国珍稀濒危植物》进行了比较详细的介绍，将388种濒危植物划分为濒危种（121种）、稀有种（110种）和渐危种（157种），并为每种提供了形态特征、地理分布、生态学和生物学特征、保护价值、保护措施及栽培要点，另主要配有黑白线条图和少量彩图。在此基础上，傅立国于1991年主编出版了《中国植物红皮书（第一册）》，该书实际上在1982年7月就开始着手编研，收录了我国重点保护的388种植物，并为每种植物提供了形态特征、保护价值和措施、栽培要点等简要介绍，并提供了物种的彩色生态照片和分布图。

1994年，国家林业局和农业部组织专家制定了《国家重点保护野生植物名录（第一批）》，共收录246种和8大类（指种以上分类等级，如桫椤科、水韭属、苏铁属、红豆杉属等）。《国家重点保护野生植物名录（第一批）》于1999年8月4日由国务院批准，并由国家林业局和农业部发布，1999年9月9日起施行。该名录是《中华人民共和国野生植物保护条例》的配套文件，该条例于1996年9月30日颁布，并自1997年1月1日起施行。

经国务院批准，国家林业和草原局农业农村部公告（2021年第15号）于2021年9月7日公布新版《国家重点保护野生植物名录》，同时废止1999版《中国国家重点保护野生植物名录（第一批）》。2021版《国家重点保护野生植物名录》是对1999版《国家重点保护野生植物名录（第一批）》的调整和修订，共列入国家重点保护野生植物455种和40类，使得被保护物种数量增加到1100种之多。《国家重点保护野生植物名录》的修订对于野生植物保护意义重大。

针对药材，国务院于1987年10月30日发布《野生药材资源保护管理条例》，对药用野生动植物资源进行保护管理，该条例自1987年12月1日起施行。

发菜、甘草和麻黄草是国家重点保护、管理的野生固沙植物，在保护生态环境和草原资源，防止沙漠化方面起着重要作用。20世纪末，一些草原地区采集发菜、滥挖甘草和麻黄草的现象十分严重，导致草场退化和沙化，严重破坏了生

态环境，影响了农牧民的正常生产和生活，在一些地方还影响了民族团结和社会稳定。对此，国务院采取了果断措施，于2000年发布《国发〔2000〕13号令》，禁止采集发菜，取缔发菜贸易，制止滥挖甘草和麻黄草。

2004年，汪松和解焱主编出版的《中国红色物种名录（第一卷）》中的植物部分记载了4408种植物，首次扩大了我国濒危物种的收录范围，推动了濒危物种的研究。该书收集了每个物种的重要数据，包括分类信息（物种学名、中文名、英文名、重要的同物异名和分类信息备注），已有濒危保护咨询（IUCN红色名录、中国植物红皮书、CITES附录、国家重点保护级别），中国分布占全球的比例，以及该书评估的濒危等级和所依据的标准及理由，生境、分布（分布图）、种群状况、致危因素、保护措施、参考文献、评估人及年代等。该书是正式出版的关于中国濒危植物最全面、最详细的资料。遗憾的是，该书并没有对中国植物种类进行全面的红色名录评估，所以，中国到底有多少濒危物种仍不清楚。

在此期间，国家林业局还组织专家确定了第二批国家重点保护野生植物名录（国家保护二批），该名录共包含了191种和14类（指种以上的科和属等分类单元），约1800种。此外，各省学者基于国家珍稀濒危保护植物名录对本省濒危植物做了一些研究和总结，如：1992年赵一之主编出版的《内蒙古珍稀濒危植物图谱》收录了95种植物。2004年尹林克主编出版的《新疆珍稀濒危特有高等植物》收录了310种植物。《江苏珍稀植物图鉴》收录江苏分布的重点保护植物42种，提供了每种植物的彩色图片、形态特征、地理分布、生境、价值用途、资源现状、濒危原因和保护措施等。《广西珍稀濒危树种》收录中国珍稀濒危树种171种，其中广西分布的

137种，为每种植物提供了形态特征、分布和生态特性、保护措施及繁殖技术以及简略的线条图等。《云南国家重点保护野生植物》收录云南分布的国家重点保护植物142种，详细介绍了每种植物的形态特征、地理分布、濒危原因、保护措施、保护与利用价值以及培育技术，并提供了分布图和彩色照片。《广东珍稀濒危植物的保护与研究》收录广东分布的国家重点保护野生植物90种，以及其他一些重要珍稀濒危植物13种，为每个种提供了彩色图片，介绍了物种的形态特征、地理分布、生态与生境、濒危原因、繁殖方式以及保护价值和保护现状等，记载了华南植物园引种的濒危植物1006种。

董玉琛和郑殿升于2005年在《国家农业重点保护野生植物要略》一书中对《国家重点保护野生植物名录》中属于农业领域的三大类72科209个物种进行了介绍，为每个物种提供了地理分布、生态环境、形态特性、濒危状况、保护价值和保护措施等文字介绍，并配有形态图。《中国珍稀濒危药用植物资源调查》精选了55种代表性珍稀濒危药用植物，详细介绍了每种植物的形态特征、药用历史沿革、资源分布、资源调查路线和方法，并对每种植物的生态环境、种群特征进行了分析，介绍了栽培条件和市场需求，以及濒危原因和保护策略等。《贵州珍稀濒危植物》收录贵州分布的保护植物98种，介绍了每种植物的生境、保护价值和保护措施等。贺善安的《中国珍稀植物》收录327种植物，其中171种列入《中国植物红皮书》，另有76种被收录于第二批国家重点保护野生植物名录，以及80种分布范围狭窄的稀有种或有特殊价值的珍贵种类，该书以中英文双语介绍植物形态特征、地理分布、生境，并提供了彩色图片。刑福武的《中国的珍稀植物》收录国家重点保护植物182种，为每种提供了彩色照片、形态特征、分布和生境，以及濒危等级、特有等保护价值信息。《国家重点野生植物的就地保护》基于第一次全国重点保护野生植物资源调查结果，收录了属于《国家重点保护野生植物名录（第一批）》的152种，提供了每个种的资源分布、数量和野生保护状况。

傅德志等计划出版五卷《手绘濒危植物》，其中一本名录，另外四本拟对

1600种濒危种类分卷册进行介绍，每个种均配有手绘图。这套书从2011年开始出版，已经出版了总名录和前两卷手绘图，还有两卷未出版。

印红于2013年主编了《中国珍稀濒危植物图鉴》，该书实际收录361个种、亚种及变种，涵盖了《国家重点保护野生植物名录（第一批）》和《全国极小种群野生植物拯救保护工程规划》（2011—2015年）的所有物种，排除了分类学地位存在极大争议的或野外居群一直没有被发现的少数物种，包括百花山葡萄、乐东石豆兰、大羽桫椤、异形玉叶金花和金平桦等五个物种。该书沿用了《中国植物志》的分类系统，除了内蒙古大麦（*Hordeum innermongolicum*）以外，为每个种提供了彩色生态照片，另外，还提供了分布图、特征介绍及用来帮助鉴定的线条图。

极小种群野生植物（PSESP）是在特殊地区的特定环境下长期形成的，由于种群数量急剧下降，已经低于稳定存活界限的最小生存种群，难以维系其正常繁衍而濒临灭绝的种类。2012年年初，国家林业局和国家发展改革委要求全国各地按照《全国极小种群野生植物拯救保护工程规划（2011—2015年）》，制订本地区实施方案，切实采取有效措施保育极小种群植物。该规划计划工程一期五年内拯救120种极小种群野生植物，采取加强就地保护、近地保护、迁地保护、种质资源保存、野外回归、能力建设等拯救保育措施。《云南省极小种群野生植物保护实践与探索》一书对极小种群的概念和保护意义进行了阐述，对云南省开展的极小种群保护实践与探索方面的经验进行了介绍和总结，提供了国家关于极小种群野生植物保护的相关文件和资料。

2013年，为贯彻落实国务院批准发布的《中国生物多样性保护战略与行动计划（2011—2030年）》，加强生物多样性保护，环境保护部和中国科学院联合编制了《中国生物多样性红色名录——高等植物卷》，该报告收录绝灭等级（EX）27种，野外绝灭等级（EW）10种，地区绝灭（RE）15种，极危（CR）583种，濒危（EN）1297种，易危（VU）1887种，近危（NT）2723种，无危（LC）24296种，数据缺乏（DD）3612种，其中列为濒危植物的有3804种（含种下分类群）。覃海宁等（2017）对该评估结果进行了修订和调整，评估中国高等植物35784种，包括21种灭绝（EX），9种野外灭绝（EW），10种地区灭绝（RE），614种极危（CR），1313种濒危（EN），1952种易危（VU），2818种近危（NT），24243种无危（LC），4804种数据缺乏（DD），其中受威胁物种共计3879种，占评估物种的10.84%，《生物多样性》以专刊形式对该结果进行了报道。此项评估工作实际上在2008年就已启动，2011年评估就已经结束。由于致危因素的动态性，因此，对生物多样性热点地区来说，应定期开展红色名录评估工作，以及时准确了解物种的野外生存状况，为保育工作开展提供准确参考信息。

2021年，中国高等植物红色名录数据进行了修订和更新，中国裸子植物红色名录的修订结果已经发表（杨永等，2021），但苔藓、蕨类和被子植物的修订结果尚未见报道。

2021年9月7日，国家林业和草原局、农业农林部发布新版《国家重点保护野生植物名录》（国家林业和草原局、农业农林部公告2021年第15号），取代1999版《国家重点保护野生植物名录（第一批）》。《生物多样性》2021年第12期发现专刊讨论2021版《国家重点保护野生植物名录》，讨论调整及调整的必要性、原则和程序。

20世纪，国家水平上的志书正在编研之中，科学家缺少针对性调查和观察研究，对野生植物的自然生存状况普遍了解不多，物种濒危机制也不是很清楚，我国濒危植物的研究范围较窄，基本是围绕重点保护植物名录开展研究。另外，由于当时国家的经济条件有限，国民教育基础薄弱，人们对自然资源的认知均以如何开发利用自然资源为主导，客观上导致了大量的物种濒危。因此，20世纪濒危物种的保育工作基本上是科学家无力研究和呼吁，政府无力组织实施或不关注，公众不了解或无知的局面。21世纪以来，随着《中国植物志》和*Flora of China*等大型志书的完成，我国植物种类的家底基本摸清，以及我国社会经济的全面发展，综合国力提升，国民教育水准提升等因素，科学家、公众和政府对濒危物种保育有了一些新特点。其一，科学家有条件对我国全部植物种类开展全面的评估，对野生植物种类的野外生存现状有个较为清晰的认识，濒危物种划定范围扩大，据2017年《生物多样性》数据，数量也相应增加为3879种。其二，对物种濒危机制深入研究，使得针对性开展濒危物种的就地保育、迁地保育和自然回归等工作具备了条件，对德保苏铁、华盖木、三棱栎等种开展了自然回归。其三，加强舆论宣传工作，使得濒危物种保育在公众中印象加深，形成公众了解、政府重视和科学家积极研究的良性循环新局面，为我国濒危物种保育工作的开展创造了良好的条件。我国学者对濒危物种的研究热情持续高涨。在中国知网（CNKI）上，以“物种”和“保护”为关键词进行检索，发现自1988年以来，研究论文呈现逐年增加的趋势，表明我国科学家、公众和政府对物种保育工作的重视程度在持续增长。

网站数据库对于生物多样性的保护和研究有重要价值。国家植物标本馆（CVH）和国家标本平台（NSII）不仅收集全国植物标本数据，包括标本图像、采集信息和鉴定信息等，还提供年度更新的中国植物物种名录，记载中国植物物种及其地理分布。中国科学数据中心在中国科学院植物科学相关研究所（园）已有数据、平台和设施的基础上，全面整合中科院植物物种、植被生态和迁地保育三

方面的信息资源，旨在实现中国科学院植物科学数据资源集中管理的新模式：整合汇交、分类整理、分析挖掘、共享服务；正雄心勃勃准备建成有国际重要影响力的植物科学数据中心。中国自然标本馆（CFH）网站收集植物的生态照片，来自全国各地的植物爱好者们持续为该网站提供照片，上传的照片平均每天都在2000张以上，该网站收集照片总数已经超过13 002 282万张（截止2022年7月11日）。此外，人工智能手机APP还提供植物识别，如花伴侣、标本伴侣和形色等，对于公众教育、科学普及和生物多样性保护都有非常重要的价值。

为了保育濒危物种，国家之间也达成一个共识，形成了华盛顿公约，即CITES，在该公约的三个附录中列出的植物，就是在国际贸易中被限制的植物种类。附录I的物种为若再进行国际贸易会导致灭绝的动植物，明确规定禁止其国际性的交易；如智利柏*Fitzroya cupressoides*和印度苏铁。附录II的物种则为目前无灭绝危机，管制其国际贸易的物种，若仍面临贸易压力，族群量继续降低，则将其升级入附录Ⅰ；被列入附录Ⅱ的种类如：桫椤属所有种，苏铁科全部种类（除印度苏铁被列入附录Ⅰ外）、兰科全部种类（除列入附录Ⅰ的种类外）、肉苁蓉*Cistanche deserticola*等。附录Ⅲ是各国视其国内需要，区域性管制国际贸易的物种；如盖裂木*Magnolia liliifera* var. *obovata*（=*Talauma hodgsonii*）在尼泊尔境内被管制。当然，该附录的脚注中明确了限制贸易的植物部分。

2021年10月，联合国《生物多样性公约》缔约方大会第十五次会议（CBD COP15）在昆明召开。大会以“生态文明：共建地球生命共同体”为主题，倡导推进全球生态文明建设，强调人与自然是生命共同体，强调尊重自然、顺应自然和保护自然，努力达成公约提出的到2050年实现生物多样性可持续利用和惠益分享，实现“人与自然和谐共生”的美好愿景。2022年，中国科学院华南植物园组织编写《中国植物多样性与保护》，系统介绍了中国植物多样性概况、中国植物多样性的保护行动以及保护的理论及实践。

总之，过去十年是中国生物多样性研究和保护快速发展的时期，在法律法规、能力建设、保护理论和实践等方面都得到了长足的发展。当前，人类面临着新冠病毒的威胁，全球各国都受到了不同程度的影响，但我们坚信，人类的智慧无穷，这种困难是暂时的，我们终将战胜病毒。预期在新的十年中，随着科学的进步和技术的更新，全球各国在实现“碳达峰、碳中和”双碳目标前提下，植物多样性的研究和保护将有更多的突破和发展，“绿色名录”编制并不遥远。

目录 CONTENTS

1 石松纲 Lycopodiopsida

2 木贼纲 Equisetopsida

3 松纲 Pinopsida

3.1 苏铁亚纲 …………… 28
Cycadidae …………………… 28

4 木兰纲
Magnoliopsida

1

石松纲

Lycopodiopsida

1.1 石松亚纲

Lycopodiidae

水韭科

Isoëtaceae

高寒水韭

Isoëtes hypsophila Hand.-Mazz.

重要特征

小型蕨类，植株高不及5厘米；根茎肉质，块状，长约4毫米，呈2—3瓣裂。叶多汁，基部以上鲜绿色，草质，线形，长3—4.5厘米，宽约1毫米，先端尖；基部广鞘状，膜质，宽约4毫米。孢子囊单生于叶基部，黄色。大孢子囊矩圆形，长约3毫米，直径约2毫米；小孢子囊矩圆形，长约2.5毫米，直径约1.5毫米。大孢子球状四面形，表面光滑无纹饰。

地理分布： 云南、四川
生境： 生于高山草甸水浸处
海拔： 3500—4300米
保育信息： 国家保护Ⅰ级
摄影： 张宪春

东方水韭

Isoëtes orientalis Hong Liu & Q.F.Wang

重要特征

水生植物。根茎3裂。叶基部白色，上面绿色，螺旋状排列，开展，长10—20厘米，最宽处约2毫米，20—40枚簇生，腹面扁平，背面圆形；叶舌卵状三角形，长1.9—2毫米 。孢子囊倒卵形，长5—6毫米。大孢子干时白色，湿时灰色，直径350—450微米，具网状纹饰。小孢子灰色，成团块，椭球形，长19—29微米，具瘤状刺。

地理分布：浙江
生境：生于山谷沼泽草甸
海拔：1200米
保育信息：极危；国家保护Ⅰ级
摄影：张宪春

中华水韭

Isoëtes sinensis Palmer

重要特征

多年生沼地生植物，植株高15—30厘米。根茎略呈2—3瓣，具多数二叉分歧的根。向上丛生多数向轴覆瓦状排列的叶；叶多汁，草质，鲜绿色，线形，长15—30厘米，宽1—2毫米，内具4个纵行气道围绕中肋，并有横隔膜分隔成多数气室，先端渐尖，基部广鞘状，膜质，黄白色，腹部凹入，上有三角形渐尖的叶舌，凹入处生孢子囊。孢子囊椭圆形，长约9毫米，直径约3毫米，具白色膜质盖；大孢子囊常生于外围叶片基的向轴面，内有少数白色粒状的四面形大孢子；小孢子囊生于内部叶片基部的向轴面，内有多数灰色粉末状的两面形小孢子。孢子期为5月下旬至10月末。

地理分布：安徽、广西、江西、浙江

生境：生在浅水池塘边和山沟淤泥土上

海拔：100—300米

保育信息：国家保护Ⅰ级

摄影：张宪春

台湾水韭

Isoëtes taiwanensis De Vol

重要特征

水生至湿生植物。根茎块状，2—4裂，上部扁平，下部成圆柱状，基部边缘有薄膜状物质。叶开展，多汁，草质，鲜绿色，线形，15—90叶一束，丛生于球茎顶，呈螺旋状排列，长7—25厘米，具空腔，仅具单脉。叶舌呈三角形延长。大孢子湿时呈灰色，干时为白色，阔椭圆形，表面具皱纹状—网状纹饰。小孢子灰色，椭圆形，具小刺。

地理分布：台湾
生境：生长在浅水地
海拔：100—800米
保育信息：极危；国家保护Ⅰ级
摄影：张宪春

云贵水韭

Isoëtes yunguiensis Q.F.Wang & W.C.Taylor

重要特征

水生植物。根3裂。叶螺旋状排列，开展，长10—52厘米，中部宽约2.5厘米，20—70枚丛生，腹面平，背面圆，基部具膜质边缘。叶舌三角形，具尾尖。孢子囊基生，卵形。大孢子湿时灰色，干时白色，具脊状—网状纹饰。有些孢子囊既有大孢子，也有小孢子。

地理分布：云南、贵州

生境：生于云贵高原长江流域沼泽、溪流和池塘

海拔：1200—1900米

保育信息：极危；国家保护Ⅰ级

摄影：张宪春

2

木贼纲

Equisetopsida

2.1 瓶尔小草亚纲
Ophioglossidae

瓶尔小草科
Ophioglossaceae

带状瓶尔小草
Ophioderma pendulum (L.) C. Presl

重要特征

叶1—3片，下垂如带状，往往为披针形，长达30—150厘米，宽1—3厘米，无明显的柄，单叶或顶部二分叉，质厚，肉质，无中脉，小脉多少可见，网状，网眼为六角形而稍长，斜列。孢子囊穗长5—15厘米，宽约5毫米，具较短的柄，生于营养叶的近基部处或中部，从不超过叶片的长，孢子囊多数，每侧40—200个，孢子四边形，无色或淡乳黄色，透明。

地理分布： 云南；印度、印度尼西亚、日本、朝鲜、马来西亚、菲律宾、斯里兰卡、非洲西部、澳大利亚、太平洋岛屿
生境： 附生于雨林中的树干上
海拔： 1070米以下
保育信息： 易危；国家保护Ⅱ级
摄影： 张宪春

松叶蕨科

Psilotaceae

松叶蕨

Psilotum nudum (L.) P.Beauv.

重要特征

根茎横行，圆柱形，褐色，具假根。地上茎直立或多少下垂，绿色，密生白色气孔，长15—50厘米，无毛，上部多回二叉分枝；枝三棱形。不育叶钻状三角形；孢子叶二叉形，裂片狭钻形。孢子囊黄色至黄褐色，倒三角状球形。孢子囊单生在孢子叶腋，球形，2—3裂。

地理分布： 安徽、重庆、福建、广东、广西、贵州、海南、湖南、江苏、江西、陕西、四川、云南、浙江、台湾；广泛分布于热带和亚热带，向北延伸至朝鲜和日本

生境： 附生于树上和岩缝

海拔： 1000米以下

保育信息： 易危

摄影： 刘冰

2.2 合囊蕨亚纲

Marattiidae

合囊蕨科

Marattiaceae

天星蕨

Christensenia aesculifolia (Blume) Maxon

重要特征

根状茎横走，短，肉质，有鳞片。柄长36—50厘米。单叶不裂或鸟足状至掌状分裂，中裂片最大，基部楔形，全缘或波状，先端急尖至渐尖；侧裂片小，不等侧，基部近圆，全缘、分裂或具宽圆齿，常波状，先端急尖至渐尖。合生孢子囊辐射状排列，由8—12个孢子囊排列成环形。

地理分布： 云南；印度、印度尼西亚、马来西亚、缅甸、巴布亚新几内亚、菲律宾、越南、太平洋岛屿

生境： 生于雨林内

海拔： 900米

保育信息： 极危；国家保护Ⅱ级

摄影： 张宪春

2.3 水龙骨亚纲
Polypodiidae

双扇蕨科
Dipteridaceae

喜马拉雅双扇蕨
Dipteris wallichii (R.Br.) T.Moore

重要特征

根状茎直径可达1厘米，匍匐状，被黑色坚硬的钻状鳞片。叶柄粗壮，直立，暗棕色，上面有纵沟，近光滑；叶片扇形，长30—50厘米，宽30—40厘米，中部深裂分为相等的两部分，各部分再一至三回二歧分叉，形成很多大小、长短不等的小裂片，呈扇形排列，裂片边缘平滑无齿，先端长渐尖，干后革质，上面褐色，下面暗棕色，光滑无毛。主脉多回二歧分叉，两面均隆起。侧脉横展联结各分叉主脉，彼此近平行，侧脉间有许多小脉联结成近方形的网眼。孢子囊群圆形，小型，散生于叶片下面。

地理分布：云南、西藏；孟加拉、不丹、印度东北部、尼泊尔
生境：生于山坡阔叶林下
海拔：1400米
保育信息：稀有
摄影：刘冰

金毛狗科
Cibotiaceae

金毛狗
Cibotium barometz (L.) J.Sm.

重要特征

根状茎卧生，粗大，密被亮褐色长毛。叶柄基部截面三角形，密被早落的贴伏毛，叶柄两侧各有一列气孔，叶片三回羽状分裂，小羽片镰形，顶端尖，边缘有细圆齿至细锯齿，叶片近革质，中脉被毛。孢子淡黄色。

地理分布： 重庆、福建、广东、广西、贵州、海南、湖南、江西、四川、西藏、云南、浙江、台湾；印度、印度尼西亚、日本、马来西亚、缅甸、泰国、越南

生境： 生于森林、森林边缘、山谷开阔地带的暖湿环境

海拔： 100—1600米

保育信息： 国家保护Ⅱ级；CITES附录Ⅱ

摄影： 刘冰

桫椤科
Cyatheaceae

滇南黑桫椤
Gymnosphaera austroyunnanensis (S.G.Lu) S.G.Lu & Chun X.Li

重要特征

树干直立。叶片三回羽状深裂；叶柄、叶轴和羽轴亮乌木色，下部有尖锐的硬刺，基部密被鳞片，鳞片披针形；小羽片互生，近平展，披针形，长8—13厘米，中部最宽，基部平截，具短柄，羽状深裂，深裂几达羽轴，裂片达25对，互生，略斜展，不育裂片边缘和顶部具锯齿，或略呈羽状浅裂。叶片通常下部几对羽片能育，或下部羽片的基部几对小羽片能育。孢子囊群着生于不分叉的侧脉中部以下，靠近主脉。

地理分布：云南
生境：生于山坡阳面，少见
海拔：800—1400米
保育信息：易危；国家保护Ⅱ级
摄影：张宪春

凤尾蕨科
Pteridaceae

荷叶铁线蕨
Adiantum nelumboides X.C.Zhang

重要特征

株高5—20厘米。根状茎短而直立，被棕色披针形鳞片和多细胞的长柔毛。叶簇生；柄长3—14厘米，深栗色；叶片圆形或圆肾形，直径2—6厘米，边缘有圆钝齿牙，能育叶边缘反卷，纸质或坚纸质。囊群盖圆形或近长方形，上缘平直，沿叶边分布，彼此接近或有间隔，褐色，膜质，宿存。

地理分布： 四川
生境： 生于石头上或石缝中
海拔： 约300米
保育信息： 极危；国家保护Ⅰ级
摄影： 张宪春

水蕨

Ceratopteris thalictroides (L.) Brongn.

重要特征

植株多汁柔软。叶簇生，二型。不育叶的柄半圆柱形；叶片卵形至披针形，长6—30厘米，先端渐尖，基部圆楔形，二至四回羽状深裂，裂片5—8对，互生。能育叶的柄半圆柱形，叶片长圆形或卵状三角形，长15—40厘米，先端渐尖，基部圆楔形或圆截形，二至三回羽状深裂；羽片3—8对，互生。孢子囊沿能育叶的裂片主脉两侧的网眼着生。

地理分布： 安徽、福建、广东、广西、贵州、海南、湖北、江苏、江西、山东、四川、云南、浙江、台湾；印度、印度尼西亚、日本、马来西亚、缅甸、尼泊尔、新几内亚、菲律宾、斯里兰卡、泰国、越南、非洲、澳大利亚、美洲

生境： 生于池塘、水沟或稻田等

海拔： 700米以下

保育信息： 易危；国家保护Ⅱ级

摄影： 刘冰

冷蕨科
Cystopteridaceae

光叶蕨
Cystopteris chinensis (Ching) X.C.Zhang & R.Wei

重要特征

能育叶长40—45厘米；叶柄长可达7—8厘米，基部褐色，稍膨大，略被一二伏贴的披针形鳞片；叶片灰绿色，狭披针形，长达35厘米，向两端渐变狭，近纸质，近光滑，叶背面散生橙色腺点。中部最长的羽片长3—4厘米，狭镰状披针形，基部不对称，羽状深裂，先端渐尖，镰状；裂片可达10对左右，斜向上，长圆形，钝头。

地理分布：四川
生境：生于林中湿润处
海拔：2400—2500米
保育信息：濒危；极小种群；国家保护Ⅰ级
摄影：张宪春

铁角蕨科
Aspleniaceae

黑边铁角蕨
Asplenium speluncae Christ

重要特征

植株高4—8厘米。根状茎短而直立，先端密被鳞片；鳞片狭三角形至钻形，褐黑色，全缘。单叶簇生；叶片椭圆形至狭三角形，钝头，基部阔楔形至截形，边缘具狭黑边。叶革质。孢子囊群线性；囊群盖线状椭圆形，黑褐色，薄纸质，全缘有紫色狭边，宿存。

地理分布： 广东、广西、贵州、湖南、江西

生境： 生于石灰岩缝，森林中

海拔： 1100—1400米

保育信息： 濒危

摄影： 刘冰

鳞毛蕨科
Dryopteridaceae

单叶贯众
Cyrtomium hemionitis Christ

重要特征

株高4—28厘米。根茎直立，密被披针形棕色鳞片。叶柄禾秆色，通体有鳞片，鳞片披针形或线形；叶通常为单叶，三角卵形，先端急尖或渐尖，基部深心形，下部两侧常有钝角状突起，边缘全缘。叶为革质，背面有毛状小鳞片。孢子囊群遍布羽片背面；囊群盖边缘有小齿。

地理分布： 广西、贵州、云南；越南

生境： 生于森林里的石灰岩缝

海拔： 1100—1800米

保育信息： 濒危

摄影： 刘冰

毛脉蕨

Trichoneuron microlepioides Ching

重要特征

根状茎横走，疏被鳞片。叶近生；柄暗禾秆色，基部疏被鳞片；叶片大，长卵形，基部五回羽裂，向上为三或四回羽裂，狭卵形，羽片约10对，基部对生，上部互生，基部一对最大，斜三角形。叶脉分离，在裂片上为羽状或分叉，小脉纤细，不达叶边。孢子囊群小，圆形，顶生于小脉上，囊群盖圆肾形，坚实，边缘有具小腺体的睫毛，宿存。

地理分布： 云南
生境： 生于常绿林下
海拔： 约1600米
保育信息： 野外绝灭
摄影： 张宪春

爬树蕨科
Athropteridaceae

爬树蕨
Arthropteris palisotii (Desv.) Alston

重要特征

根状茎蔓生，被黑褐色卵状鳞片，边缘有睫毛。叶二列互生，相距约5—10厘米；柄长1—2厘米，被鳞片；叶片披针形，羽片约30—40对，互生，近无柄，披针形，先端钝圆，基部不对称，下部羽片短，下弯，叶轴背面密被棕色腺毛及小鳞片。囊群盖褐色，圆肾形，无毛。

地理分布： 广西、海南、云南、台湾；印度、印度尼西亚、日本、马来西亚、菲律宾、越南、非洲、澳大利亚、波利尼西亚

生境： 生于森林里的树干或岩石上

海拔： 200—1100米

保育信息： 易危

摄影： 刘冰

三叉蕨科
Tectariaceae

掌状三叉蕨
Tectaria morsei C. Chr

重要特征

植株陆生。根状茎顶部及叶柄基部均密被鳞片；鳞片披针形，先端长渐尖，全缘，褐色。叶簇生；叶柄基部褐棕色，向上部禾秆色。叶片掌状3—5裂，三角状卵形，长15—20厘米，纸质，基部心形；顶生裂片椭圆披针形；第二对侧生裂片阔披针形；基部裂片镰状披针形。囊群盖圆盾形，膜质，棕色，全缘，宿存并略反卷。

地理分布： 广西、台湾；缅甸、越南

生境： 生于森林石灰岩区

海拔： 200—420米

保育信息： 易危

摄影： 刘冰

水龙骨科
Polypodiaceae

扇蕨
Lepisorus palmtopedatus (Baker) C.F.Zhao, R.Wei & X.C.Zhang

重要特征

根状茎横走。鳞片稍伸展，卵形或三角形，中部以下最宽，边缘具小齿，先端急尖。叶鸟足状裂，轮廓肾形至近圆形，长12—30厘米，背面被短腺毛，基部楔形。

地理分布： 贵州、四川、云南
生境： 生于森林岩石区
海拔： 1500—2700米
保育信息： 稀有
摄影： 刘冰

鹿角蕨

Platycerium wallichii Hook.

重要特征

根状茎肉质，短而横卧；鳞片基生至盾状，全缘。基生叶长宽近相等，3—5次叉裂，裂片近等长，圆钝或急尖，全缘。能育叶对生，近无柄，下垂；分裂成不等大的3枚主裂片，内侧裂片多次分叉，外侧裂片不育。叶全缘。孢子绿色。

地理分布： 云南；印度、马来西亚、缅甸、泰国

生境： 生于热带雨林低地，附生于树干和大树枝上

海拔： 200—1000米

保育信息： 国家保护Ⅱ级

摄影： 刘冰

3

松纲

Pinopsida

3.1 苏铁亚纲

Cycadidae

苏铁科

Cycadaceae

宽叶苏铁

Cycas balansae Warb.

重要特征

棕榈状常绿植物，无地上茎。大型羽状复叶4—9枚丛生茎端，一回羽状，长1.2—2.6米；小叶90—160对，深绿色，有光泽。鳞叶狭三角形，6—7厘米长，被长柔毛。雄球花纺锤形，黄色，20—25厘米长。大孢子叶密生褐色绒毛。种子卵形，肉质外种皮黄色。花期3—5月，种子成熟期9—11月。

地理分布： 广西、云南；老挝、缅甸、泰国、越南

生境： 生于季雨林中，喜强光、温暖干燥和通风良好环境，喜肥沃、微酸性砂质土壤

海拔： 100—800米

保育信息： 极危；极小种群；国家保护Ⅰ级；CITES附录Ⅱ

摄影： 刘健

叉叶苏铁

Cycas bifida (Dyer) K.D.Hill

重要特征

棕榈状常绿植物，无地上茎，高20—60厘米，无茎顶绒毛。鳞叶三角形，柔软，具长柔毛。羽叶长2—5米；叶柄长0.6—1.6厘米，无毛，90%-100%有刺；羽片中脉上面隆起，下面平。雄球花纺锤形，黄色，长35—55厘米，径6—8厘米。大孢子叶长7—11厘米，密被褐色绒毛，边缘篦齿状深裂；胚珠2—6枚，无毛；种子扁卵形，长2.5厘米，直径2厘米，肉质外种皮成熟后变黄色。花期4—5月，种子成熟期10—11月。

地理分布：广西、云南；老挝、越南

生境：喜温暖湿润、阳光充足的环境，也耐半荫和干旱，不耐寒，要求疏松肥沃、排水良好的砂质土壤

海拔：130—175米

保育信息：极危；极小种群；国家保护Ⅰ级；CITES附录Ⅱ

摄影：刘健

陈氏苏铁

Cycas chenii X.Gong & Wei Zhou

重要特征

茎位于地下；复叶2—8个集生，0.7—1.9米长，扁平而无龙骨；羽片26—74对；叶柄长20—80厘米。鳞叶狭三角形，被长柔毛，长3—6厘米。雄球花黄绿色，长10—15厘米，被锈色微柔毛。大孢子叶被褐色绒毛；胚珠2—4枚，无毛；大孢子叶蓖齿状分裂，顶刺明显不同于侧刺。种子卵形，长2—3厘米，直径1.5—2.6厘米；肉质外种皮黄色。

地理分布： 云南

生境： 石山峭壁，亚热带常绿阔叶林中

海拔： 1100米

保育信息： 濒危；国家保护Ⅰ级；CITES附录Ⅱ

摄影： 刘健

德保苏铁

Cycas debaoensis Y.C.Zhong & C.J.Chen

重要特征

树干大部分地下生长，地上部分高40（—70）厘米，有时丛生。叶5—11片，三回羽状全裂；叶柄横截面圆倒卵形，长0.6—1.3米，幼嫩时被绒毛，后除基部外脱落；基部以上具刺。鳞叶长6—8厘米，密被褐色绒毛，先端呈锐尖头状，稍软。雄球花纺锤形柱状，长13—25厘米。大孢子叶30—50片，松散排列，长15—20厘米，密被黄褐色绒毛，聚生为扁球形；柄长9—12厘米。种子3或4枚，黄色至褐色，近球形或卵球形，稍扁，顶端具尖头。花期3—4月，种子成熟期11月。

地理分布： 广西、云南

生境： 石灰岩山坡

海拔： 700—1000米

保育信息： 极危；极小种群；国家保护Ⅰ级；CITES附录Ⅱ

摄影： 刘健；于胜祥

滇南苏铁

Cycas diannanensis Z.T.Guan & G.D.Tao

重要特征

棕榈状常绿植物，茎干高可达3米。羽叶12—50枚集生，长1.4—3.3米；羽片约160—300枚；叶柄长45—100厘米，两侧具短刺。雄球花柱状卵圆形。雌球花阔球形；大孢子叶篦齿状深裂，顶刺明显不同于侧刺；胚珠4—8枚。种子球形，熟时肉质外种皮红褐色。花期4—5月，种子成熟期10—11月。

地理分布： 云南

生境： 陡峻的石灰岩山地草丛或阔叶林下，呈星散或小片状分布

海拔： 600—1800米

保育信息： 极危；极小种群；国家保护Ⅰ级；CITES附录Ⅱ

摄影： 刘健

长叶苏铁

Cycas dolichophylla K.D.Hill, T.H.Nguyên & L.K.Phan

重要特征

棕榈状常绿植物，茎干圆柱状，高1.5米。羽叶8—40枚集生茎顶，有光泽，长2—4.5米，具150—270枚小羽片；小羽片长19—42厘米；叶柄有刺。鳞叶长8—12厘米。小孢子叶球狭长卵形或纺锤形，长35—58厘米。大孢子叶球致密，近球形；大孢子叶篦齿状深裂，顶部裂片与侧裂片相似；胚珠2—4枚。种子卵形，长4—5厘米，熟时外种皮肉质黄色。花期4月。

地理分布： 云南；越南

生境： 常生于高大、郁闭林下

海拔： 400—500米

保育信息： 极危；极小种群；国家保护Ⅰ级；CITES附录Ⅱ

摄影： 刘健

仙湖苏铁

Cycas fairylakea D.Yue Wang

重要特征

棕榈状常绿植物，茎干圆柱形，高可达0.5—1.8米。鳞叶披针形，长8—10厘米。羽叶多数，长2—3.1米；叶柄长0.6—1.3米，具刺29—73对；羽片平展。小孢子叶球圆柱状长椭圆形，长35—60厘米，小孢子叶不育部分菱状椭圆形，密被褐色短绒毛。大孢子叶球半球形，径35厘米；大孢子叶密被黄褐色绒毛，边缘篦齿状深裂，顶裂片明显长于侧裂片；胚珠4—6枚，无毛。种子倒卵状球形至扁球形，熟时肉质外种皮黄褐色。4—5月开花，种子8—9月成熟。

地理分布：广东

生境：郁闭常绿阔叶林下

海拔：50—400米

保育信息：极危；极小种群；国家保护Ⅰ级；CITES附录Ⅱ

摄影：杨永

锈毛苏铁

Cycas ferruginea F.N.Wei

重要特征

棕榈状常绿植物，茎干圆柱状或亚地下茎，高0.3—1.2米；树皮灰色。一回羽叶10—25枚集生茎顶，长1.3—1.5米，平展，具120—200枚小羽片；新生叶轴密被红褐色绒毛。鳞叶狭三角形，急尖，宿存。小孢子叶球纺锤形，黄褐色，长25—45厘米。大孢子叶球包被紧密；大孢子叶篦齿状深裂，顶裂片明显长于、宽于侧裂片，裂片顶端多少刺化；胚珠2—6枚，无毛。种子卵形，长1.9—2.4厘米，肉质外种皮黄色，无纤维层，中种皮疣状，无海绵状内种皮。花期4—5月，种子成熟期8—10月。

地理分布： 广西；越南

生境： 常生于光秃的石灰岩峭壁上

海拔： 200—500米

保育信息： 易危；国家保护Ⅰ级；CITES附录Ⅱ

摄影： 刘冰

贵州苏铁

Cycas guizhouensis K.M.Lan & R.F.Zou

重要特征

棕榈状常绿植物，茎干高2米。10—25枚羽叶集生茎顶，长1—1.8米；小羽片110—210枚。鳞叶狭三角形，长3—5厘米，宿存。小孢子叶球大而柔软，橘色至浅褐色，长20—40厘米。大孢子叶球圆锥状半球形；大孢子叶篦齿状深裂，顶裂片明显不同于侧裂片。种子椭圆形至近球形，长2.3—2.9厘米，外种皮黄色。花期4—6月，种子成熟期10—11月。

地理分布： 广西、贵州、云南
生境： 河谷地带灌丛中及林下
海拔： 400—1060米
保育信息： 极危；国家保护Ⅰ级；CITES附录Ⅱ
摄影： 刘冰

红河苏铁

Cycas hongheensis S.Y.Yang & S.L.Yang ex. D.Yne Wang

重要特征

棕榈状常绿植物，茎干圆柱状，高1—3米；皮光滑，纵裂，灰白色。羽叶10—25枚集生茎顶，长0.7—1米；羽叶、幼叶和叶柄被白色软毛。鳞叶锐尖，长3.5—5厘米。大孢子叶球阔半球形；大孢子叶被灰白色绒毛，顶裂片明显长于、宽于侧裂片；胚珠4—6枚。种子卵圆形，肉质外种皮深橘黄色。花期5月。

地理分布：云南

生境：生于红河干热河谷中，陡峭的石灰岩山坡灌丛

海拔：400—600米

保育信息：极危；极小种群；国家保护Ⅰ级；CITES附录Ⅱ

摄影：刘健

多歧苏铁

Cycas multipinnata C.J.Chen & S.Y.Yang

重要特征

棕榈状常绿植物，亚地下茎，地上部分高30—70厘米。羽叶1—2枚集生茎顶，三回羽状复叶，长4—7米；主羽片14—36枚；侧羽片3—4次二叉分歧。鳞叶狭三角形，长4—6厘米。小孢子叶球长纺锤形，长25—40厘米，小孢子叶顶部无刺。大孢子叶球近球形；大孢子叶被褐色绒毛；顶裂片与侧裂片区别不明显。种子卵形，长约2.5厘米，肉质外种皮黄色，无白粉。花期4—5月。

地理分布：云南；越南

生境：石灰岩山地茂密雨林或湿润雨林下

海拔：150—1100米

保育信息：濒危；极小种群；国家保护Ⅰ级；CITES附录Ⅱ

摄影：刘健

攀枝花苏铁

Cycas panzhihuaensis L.Zhou & S.Y.Yang

重要特征

棕榈状常绿植物，茎干高1—3米，圆柱状，具宿存的叶基，茎顶具浓密绒毛。一回羽叶30—80枚集生茎顶，长0.7—1.5米；小羽片140—250枚。鳞叶三角状披针形，密被褐色绒毛。雌雄异株。小孢子叶球纺锤状圆柱形或椭圆状圆柱形，长25—50厘米，小孢子叶中央有突起的尖刺。大孢子叶球近半球形或圆锥状球形；大孢子叶篦齿状深裂；胚珠2—4个。种子近球形或微扁，长2.5—3.5厘米，肉质外种皮红色。花期4—5月，种子成熟期9—10月。

地理分布：四川、云南

生境：生于干旱、向阳的石灰岩灌草丛

海拔：1100—2000米

保育信息：濒危；国家保护Ⅰ级；CITES附录Ⅱ

摄影：刘冰

篦齿苏铁

Cycas pectinata Buch.-Ham.

重要特征

棕榈状常绿植物，茎干圆柱形，高可达3米。羽叶30—40枚，一回羽状，长1.5—2.4米。雄球花长圆锥状圆柱形，长约40厘米；小孢子叶楔形，先端具钻形长尖头，密生褐黄色绒毛。大孢子叶密被褐黄色绒毛，边缘有30余枚钻形裂片，顶裂片较长大，边缘常疏生锯齿或再分裂；胚珠无毛。种子卵圆形或椭圆状倒卵圆形，长4.5—5厘米，熟时暗红褐色，具光泽。花期6—7月，种子成熟期2—3月。

地理分布： 云南；孟加拉国、不丹、柬埔寨、印度、老挝、缅甸、尼泊尔、泰国、越南

生境： 常见于干燥、开阔石灰岩山地灌丛中，及稀疏季雨林中

海拔： 1000—1800米

保育信息： 易危；国家保护Ⅰ级；CITES附录Ⅱ

摄影： 刘冰

苏铁

Cycas revoluta Thunb.

重要特征

棕榈状常绿植物，茎干圆柱形，高1—3米，稀达8米，具深褐色宿存叶基。羽叶100—160枚集生茎顶，长0.5—1.5米，羽片向上斜展微成“V”字形，龙骨状。雄球花圆柱形，长30—70厘米；小孢子叶顶部有急尖头。大孢子叶球阔球形，边缘羽状分裂；胚珠有绒毛，密生灰黄色短绒毛。种子倒卵圆形或卵圆形，稍扁，长2—4厘米，外种皮肉质红色或橘红色。花期6—7月，种子10月成熟。

地理分布：福建；日本

生境：在岛屿时生于陡峭岩石上，在大陆则生于疏林中

海拔：100—500米

保育信息：极危；国家保护Ⅰ级；CITES附录Ⅱ

摄影：张寿洲；侯学良

石山苏铁

Cycas sexseminifera F.N.Wei

重要特征

棕榈状常绿植物，小型灌木，茎干通常不明显，基部膨大成圆球形。鳞叶披针形，长4.5—8.5厘米，背面密被短绒毛。羽叶长0.5—1.7米，羽片40—81对，水平开展，叶轴、叶柄及叶背密被锈色柔毛。小孢子叶球狭卵形至纺锤形，黄色，长15—30厘米，顶刺退化。大孢子叶被褐色绒毛；胚珠2—6枚，无毛。种子卵形，长1.7—2.7厘米，成熟时外种皮肉质黄色。花期4—6月。

地理分布： 广西；越南

生境： 常生长于石灰岩缝隙里

海拔： 200—500米

保育信息： 濒危；国家保护Ⅰ级；CITES附录Ⅱ

摄影： 刘冰

四川苏铁

Cycas szechuanensis W.C.Cheng & L.K.Fu

重要特征

棕榈状常绿植物，茎干高2—5米，短圆柱状，常多头丛生，具深褐色宿存叶基。羽叶数十枚集生茎顶，长1—3米。鳞叶长5—6厘米，宿存。大孢子叶球近球形，大孢子叶边缘篦齿状分裂，顶片不明显。胚珠4—10个，无毛。种子倒卵形，浅黄色。花期4—6月，种子成熟期10—11月。

地理分布：福建、广东、广西；越南

生境：干热河谷稀疏灌丛中

海拔：400—1300米

保育信息：极危；极小种群；国家保护Ⅰ级；CITES附录Ⅱ

摄影：刘冰

台东苏铁

Cycas taitungensis C.F.Shen, K.D.Hill, C.H.Tson & C.J.Chen

重要特征

棕榈状常绿植物。茎干高可达5米，顶端被绒毛。叶片数可达50枚及以上，一回羽状，1.3—2米长；叶柄长10—25厘米，每侧具7—14短刺；羽片130—200对。鳞叶三角状，4—7厘米长，密被浅棕色绒毛，先端尖。大孢子叶亮橙红色，铲状，被浅褐色绒毛，后变无毛。不育叶片近圆形或菱状圆形。

地理分布：台湾

生境：生于曝露岩石上、陡峭石坡上，或排水良好的砾石地林中

海拔：300—1000米

保育信息：濒危；国家保护Ⅰ级；CITES附录Ⅱ

摄影：杨永

闽粤苏铁

Cycas taiwaniana Carruth.

重要特征

棕榈状常绿植物，茎干圆柱形，高1—3.5米。羽叶20—40枚集生茎顶，长达1.5—3米；小羽片140—300枚。鳞叶尖锐多毛，长8—13厘米。小孢子叶球狭卵形至纺锤形，长30—45厘米。大孢子叶球近半球形；大孢子叶篦齿状深裂，顶裂片稍大于侧裂片。种子半圆形至卵形，长2.8—3.6厘米，肉质外种皮黄色。花期5月，种子成熟期9—11月。

地理分布： 福建、广东、贵州、海南、湖南

生境： 向阳草地或疏林中，常见于干扰生境中

海拔： 400—1100米

保育信息： 极危；极小种群；国家保护Ⅰ级；CITES附录Ⅱ

摄影： 刘健；侯学良

绿春苏铁

Cycas tanqingii D.Yue Wang

重要特征

棕榈状常绿植物，亚地下茎，地上部分圆柱状，高可达2米。羽叶4—5枚集生茎顶，长1.9—3.6米，平展，具100—120枚小羽片。鳞叶狭三角形，长5—8厘米，宿存。小孢子叶球纺锤形，黄色至橘黄色，长约40厘米，小孢子叶顶刺突出。大孢子叶球致密，近球形；大孢子叶掌状深裂，顶裂片不明显，与侧裂片近等大；胚珠2枚，无毛。种子倒卵状球形，长3.5—4厘米，肉质外种皮黄色。花期4月，种子成熟期9—10月。

地理分布：云南；越南

生境：郁闭常绿阔叶林中

海拔：800米以下

保育信息：濒危；国家保护Ⅰ级；CITES附录Ⅱ

摄影：刘冰

3.2 银杏亚纲
Ginkgoidae

银杏科
Ginkgoaceae

银杏
Ginkgo biloba L.

重要特征

乔木，高可达40米。枝近轮生；一年生的长枝淡褐黄色；短枝密被叶痕。叶扇形，柄长5—8厘米，长枝上叶常两裂，螺旋状散生，在短枝上3—8叶呈簇生状，落叶前变黄色。雌雄异株；球花单性，生于短枝顶端的鳞片状叶的腋内，呈簇生状。雄球花柔软，下垂。雌球花具长梗，常分两叉，稀3—5叉或不分叉。种皮外层肉质，黄色或橙黄色，外被白粉，气味臭。花期3—4月，种子成熟期9—10月。

地理分布：重庆、广东、广西、贵州、湖北、湖南、浙江；广泛栽培
生境：常生于针阔叶混交林中
海拔：40—2000米
保育信息：极危；国家保护Ⅰ级
摄影：刘冰

3.3 松亚纲
Pinidae

松科
Pinaceae

百山祖冷杉
Abies beshanzuensis M.H.Wu

重要特征

乔木，高可达30米；树皮灰白色，不规则龟裂；冬芽卵圆形至锥形，有树脂。叶螺旋状着生，在侧枝上排列成二列状，或枝条下面之叶排列成两列，上面之叶斜展至直伸，叶线形，先端有凹缺，下面有两条白色气孔带。球果成熟前绿色至淡黄绿色，熟后淡褐黄色或淡褐色；中部种鳞扇状四边形，稀近肾状四边形，两侧边缘有不规则锯齿，基部楔形、两侧耳状；苞鳞上部近圆形，边缘有细齿，先端露出、反曲，尖头短，中部收缩或窄缩呈条状；种子倒三角状。花期5月，球果11月成熟。

地理分布： 浙江
生境： 生于山地针阔叶混交林中
海拔： 约1700米
保育信息： 极危；极小种群；国家保护 I 级
摄影： 李爱莉；于胜祥

苍山冷杉

Abies delavayi Franch.

重要特征

乔木，高可达25米；树皮粗糙，纵裂；树冠尖塔形；冬芽圆球形，有树脂。叶条形，通常微呈镰状，长1.5—3.2厘米，先端有凹缺，下面中脉两侧各有一条粉白色气孔带，有2个边生树脂道。球果圆柱形或卵状圆柱形，长6—11厘米，有短梗，熟时黑色，被白粉；苞鳞露出，先端有凸尖的长尖头，通常向外反曲；种子常较种翅为长。花期5月，球果10月成熟。

地理分布： 西藏、云南；缅甸

生境： 高山地带

海拔： 3000—4300米

保育信息： 易危

摄影： 刘冰

川滇冷杉

Abies forrestii Coltm.-Rog.

重要特征

乔木，高可达20米；树皮暗灰色，裂成块片状；冬芽圆球形或倒卵圆形，有树脂。叶条形，直或微弯，长1.5—4厘米，先端有凹缺，稀钝或尖，下面沿中脉两侧各有一条白色气孔带，横切面有2个边生树脂道。球果卵状圆柱形或矩圆形，长7—12厘米，无梗，熟时深褐紫色或黑褐色；苞鳞外露，先端有急尖的尖头，直伸或向后反曲；种子长约1厘米，种翅宽大楔形。花期5月，球果10—11月成熟。

地理分布：四川、西藏、云南

生境：高山地带

海拔：2500—4200米

保育信息：易危

摄影：刘冰

紫果冷杉

Abies recurvata Mast.

重要特征

乔木，高可达40米；树皮粗糙，裂成不规则片状开裂；冬芽卵圆形，有树脂。叶倒披针状条形，长1—2.5厘米，先端尖或钝，上面亮绿色，微被白粉，常有2—8条不连续的气孔线，下面灰绿色，有2条微具白粉的气孔带，横切面有2个边生树脂道。球果椭圆状卵形或圆柱状卵形，长4—8厘米，近无梗，成熟前紫色，熟时紫褐色；苞鳞不露出，长达种鳞的1/2—3/4，先端有急尖的短尖头；种子倒卵状斜方形，长约8毫米；种翅淡黑褐色或黑色，较种子为短，先端平截，连同种子长1.1—1.3厘米。

地理分布： 甘肃、四川
生境： 河谷，高山地带
海拔： 2300—3600米
保育信息： 易危
摄影： 刘冰

元宝山冷杉

Abies yuanbaoshanensis Y.J.Lu & L.K.Fu

重要特征

乔木，高可达25米；树皮暗红褐色；小枝无毛；冬芽圆锥形，褐红色，具树脂。叶在小枝下面列呈二列，上面的叶密集，向外向上伸展，中央的叶较短，长1—2.7厘米，宽1.8—2.5毫米，先端钝有凹缺，上面绿色、中脉凹下，下面有两条粉白色气孔带，横切面有两个边生树脂道；幼树的叶长3—3.8厘米，先端通常2裂。球果直立，短圆柱形，长8—9厘米，直径4.5—5厘米，成熟时淡褐黄色；种鳞扇状四边形，长约2厘米，宽2.2厘米，鳞背密生灰白色短毛；苞鳞长约种鳞的4/5，微外露，中部较宽，约9毫米，先端有刺尖；种子倒三角状椭圆形，长约1厘米，种翅楔形，长约与种子等同。

地理分布： 广西

生境： 生于山地针阔叶混交林中

海拔： 1700—2100米

保育信息： 极危；极小种群；国家保护Ⅰ级

摄影： 于胜祥

银杉

Cathaya argyrophylla Chun & Kuang

重要特征

乔木，高可达20米；树皮暗灰色，老时裂成不规则的薄片；冬芽卵圆形或圆锥状卵圆形，无毛。叶条形，长4—6厘米，下面沿中脉两侧具极显著的粉白色气孔带；侧生小枝上的叶排列较密，上端之叶密集、近轮状簇生，多数长不超过3厘米，下面粉白色气孔带宽与边带近相等；叶在短枝上簇生，短于2.5厘米，白色气孔带较窄。雄球花圆柱形，长5—6厘米，近于无柄。球果成熟时栗色至暗褐色，卵圆形、长卵圆形或长椭圆形，长3—5厘米；种子斜倒卵圆形，长5—6毫米，具翅。

地理分布： 重庆、广西、贵州、湖北、湖南

生境： 银杉生境严酷，多生长在坡度50°以上的悬崖绝壁和裸岩石隙。该种为我国特有稀有孑遗活化石树种，不足5000株。银杉多数位于国家级自然保护区内，已经隔离人为活动干扰。在分布区内，银杉自然更新普遍不良，群落演替趋势将向常绿阔叶林方向发展，对银杉生存不利

海拔： 900—1900米

保育信息： 易危；极小种群；国家保护Ⅰ级

摄影： 刘冰；于胜祥

云南油杉

Keteleeria evelyniana Mast.

重要特征

乔木，高可达40米；树皮粗糙，暗灰褐色，不规则深纵裂，成块状脱落。叶在侧枝上排列成两列，条形，长2—6.5厘米，先端通常有微凸起的钝尖头，渐窄成短叶柄；上面中脉两侧通常每边有2—10条气孔线，稀无气孔线；下面沿中脉两侧每边有14—19条气孔线。球果圆柱形，长9—20厘米，径4—6.5厘米；种鳞上部向外反曲，边缘有明显的细小缺齿，鳞背露出部分有毛或几乎无毛，苞鳞先端呈不明显的3裂，中裂明显，侧裂近圆形。种子长圆形，长0.9—1.4厘米；种翅黄褐色，中下部较宽，上部渐窄。花期4—5月，种子10月成熟。

地理分布： 贵州、四川、云南；老挝、越南

生境： 常在山地混生于云南松林中或组成小片纯林

海拔： 700—2900米

保育信息： 易危

摄影： 刘冰

油杉
Keteleeria fortunei (A.Murray bis) Carrière

重要特征

乔木，高可达30米；树皮粗糙，暗灰色，纵裂。叶在侧枝上排成两列，条形，长1.2—3厘米，先端圆或钝，上面气孔线2—4条，下面沿中脉每边有气孔线12—17条。球果圆柱形，成熟前绿色或淡绿色，微有白粉，成熟时淡褐色或淡栗色，长6—18厘米；种鳞背部外露部分无毛，全缘；苞鳞先端3裂，中裂窄长，侧裂稍圆。种子矩圆形，长1—1.3厘米；种翅黄褐色，楔形，顶部偏斜。花期3—4月，种子10月成熟。

地理分布：福建、广东、广西、贵州、湖南、江西、云南、浙江；越南

生境：生于山地阔叶林中

海拔：200—1400米

保育信息：易危

摄影：刘冰

西藏红杉

Larix griffithii Hook.f.

重要特征

乔木，高可达20余米；树皮灰褐色或暗褐色，深纵裂。叶倒披针状窄条形，长2.5—5.5厘米，宽1—1.8毫米，下面沿中脉两侧各有2—5条气孔线。雄球花矩圆形，长1.4—1.6厘米。雌球花和幼果圆柱形，淡紫色或淡红紫色；球果熟时淡褐黄色或褐色，圆柱形或椭圆状圆柱形，长5—11厘米，径2.2—3厘米；苞鳞较种鳞为长，披针形或倒卵状披针形，显著地向后反折，先端具急尖头。种子斜倒卵圆形，灰白色，具大小不规则的紫色斑纹，连同种翅长约1厘米。花期4—5月，球果10月成熟。

地理分布：西藏；不丹、尼泊尔、印度（锡金）

生境：山地

海拔：3000—4100米

保育信息：易危

摄影：刘冰

新疆落叶松

Larix sibirica Ledeb.

重要特征

乔木，高可达40米；树皮暗灰色、灰褐色或深褐色，纵裂粗糙，裂痕棕色；大枝平展，树冠尖塔形；小枝不下垂。叶倒披针状条形，长2—4厘米，宽约1毫米，先端尖或钝尖，下面沿中脉两侧各有2—3条气孔线。雄球花近圆形，径5—6毫米，黄色。球果熟时褐色、淡褐色或微带紫色，卵圆形或长卵圆形，长2—4厘米，径1.5—3厘米；苞鳞不外露，紫红色，长圆状披针形，中脉延长成尖头；种子灰白色，斜倒卵形，种子连同种翅长1—1.5厘米。花期5月，球果9—10月成熟。

地理分布：新疆；蒙古、俄罗斯

生境：山地针叶林或针阔叶混交林

海拔：500—3500米

保育信息：易危

摄影：刘冰

怒江红杉

Larix speciosa W.C.Cheng & Y.W.Law

重要特征

乔木，高可达25米；树皮暗红褐色，鳞状开裂；小枝下垂；短枝粗壮，有一至数环向外反卷的宿存芽鳞。叶倒披针状窄条形，长2.5—5.5厘米，宽1.5—2毫米，先端钝或尖，下面有白色气孔线。雄球花圆柱形，长1.6—2.2厘米，径约5—7毫米。球果熟时红褐色或紫褐色，圆柱形，长7—9厘米，径2—3厘米，梗长5—7毫米；苞鳞显著外露，披针形，向外弯曲；种子白色或灰白色，具不规则的黄褐色斑纹，斜卵形，连翅长1—1.2厘米。花期4—5月，球果9—10月成熟。

地理分布： 西藏、云南

生境： 山地

海拔： 2600—4000米

保育信息： 易危

摄影： 刘冰

长苞铁杉

Nothotsuga longibracteata (W.C.Cheng) Hu ex C.N.Page

重要特征

乔木，高可达30米；树皮暗褐色，纵裂。叶条形，长1.1—2.4厘米，宽1—2.5毫米，先端尖或微钝，上面平或下部微凹，有7—12条气孔线，微具白粉，下面中脉隆起，两侧各有10—16条灰白色的气孔线。球果直立，圆柱形，长2—5.8厘米，径1.2—2.5厘米，幼时紫色或红色，熟时暗褐色；苞鳞长匙形，先端有渐尖或微急尖的短尖头，微露出；种子三角状扁卵圆形，种翅较种子为长。花期3—4月，球果10月成熟。

地理分布：福建、贵州、广东、广西、湖南、江西

生境：形成小面积纯林，或生于常绿阔叶林中

海拔：300—2300米

保育信息：易危

摄影：侯学良

油麦吊云杉

Picea brachytyla var. *complanata* (Mast.) W.C.Cheng ex Rehder

重要特征

与原变种麦吊云杉的区别在于此树树皮淡灰色或灰色，裂成薄鳞状块片脱落；球果成熟前红褐色、紫褐色或深褐色。种子倒三角状。花期5月，球果11月成熟。

地理分布：四川、西藏、云南；不丹、缅甸北部

生境：山地、溪谷

海拔：2000—3800米

保育信息：易危；曾被列入1999版国家保护Ⅱ级

摄影：刘冰

黄果云杉

Picea likiangensis var. *hirtella* (Rehder & E.H.Wilson) W.C.Cheng

重要特征

一年生小枝短粗，有密毛；叶下面有3—4条不完整的气孔线；球果成熟前绿黄色或黄色，熟时淡褐黄色，长4—9厘米。

地理分布： 四川、西藏

生境： 山地

海拔： 3000—4000米

保育信息： 易危

摄影： 刘冰

长叶云杉

Picea smithiana (Wall.) Boiss.

重要特征

乔木，高可达60米；树皮淡褐色，浅裂成圆形或近方形的裂片。叶辐射斜上伸展，四棱状条形，细长，长3—5厘米，先端尖，横切面四方形或近四方形，每边具2—5条气孔线。球果圆柱形，长10—18厘米，径宽4.5—5厘米，成熟前绿色，熟时褐色，有光泽；苞鳞短小，长3—5毫米；种子长约5毫米，深褐色，种翅长1.5—2厘米，顶部尖。

地理分布：西藏；阿富汗、印度、克什米尔、尼泊尔、巴基斯坦

生境：高山

海拔：2300—3600米

保育信息：濒危

摄影：刘冰

白皮松

Pinus bungeana Zucc. ex Endl.

重要特征

乔木，高可达30米；树皮呈淡褐灰色或灰白色，裂成不规则的鳞状块片脱落，脱落后内皮近光滑。针叶3针一束，长5—10厘米；横切面扇状三角形或宽纺锤形；叶鞘脱落。雄球花卵圆形或椭圆形，多数聚生于新枝基部成穗状，长5—10厘米。球果通常单生，熟时淡黄褐色，卵圆形或圆锥状卵圆形，长5—7厘米，径4—6厘米；种鳞先端厚，鳞盾近菱形，有横脊，鳞脐生于鳞盾的中央，三角状，顶端有刺，刺之尖头向下反曲；种子灰褐色，近倒卵圆形，长约1厘米，种翅短，长约5毫米，有关节易脱落。花期4—5月，球果第二年10—11月成熟。

地理分布： 甘肃、河南、湖北、陕西、山东、山西、四川

生境： 山地

海拔： 500—1800米

保育信息： 濒危

摄影： 刘冰

红松

Pinus koraiensis Siebold & Zucc.

重要特征

乔木，高可达50米；树皮灰褐色或灰色，纵裂成不规则的长方鳞状块片，裂片脱落后露出红褐色的内皮。针叶5针一束，长6—12厘米，背面通常无气孔线，腹面每侧具6—8条淡蓝灰色的气孔线；横切面近三角形；叶鞘早落。雄球花椭圆状圆柱形，红黄色，长7—10毫米，多数密集于新枝下部成穗状。球果圆锥状卵圆形、圆锥状长卵圆形或卵状矩圆形，长9—14厘米，径6—8厘米；具梗，梗长1—1.5厘米，熟时不开裂或略开裂；种鳞先端不反折；种子三角状倒卵形，长1.2—1.6厘米，无翅，种子露而不落。花期6月，球果第二年9—10月成熟。

地理分布：黑龙江、吉林；日本、韩国、俄罗斯
生境：山地
海拔：200—1800米
保育信息：极危；国家保护Ⅱ级
摄影：刘冰；杨永

巧家五针松

Pinus squamata X.W.Li

重要特征

常绿乔木；老树树皮暗褐色，呈不规则薄片剥落；当年生枝红褐色，密被黄褐色及灰褐色柔毛。针叶5（或4）针一束，长9—17厘米，纤细，两面具气孔线，边缘有细齿，断面三角形，树脂道3—5个，边生；鞘早落。成熟球果圆柱状椭圆形，长约9厘米，径约6厘米；种鳞长圆状椭圆形，熟时张开，鳞盾显著隆起，鳞脐背生，无刺。种子长椭圆形或倒卵圆形，黑色；种翅长约1.6厘米，具黑色纵纹，具关节。

地理分布： 云南

生境： 山坡

海拔： 2200米

保育信息： 极危；极小种群；国家保护Ⅰ级

摄影： 张志勇

乔松

Pinus wallichiana A.B.Jacks.

重要特征

乔木，高可达70米；树皮暗灰褐色，裂成小块片脱落。针叶5针一束，细柔下垂，长10—20厘米，径约1毫米，先端渐尖，边缘具细锯齿，背面苍绿色，无气孔线，腹面每侧具4—7条白色气孔线；横切面三角形。球果圆柱形，下垂，长15—25厘米，果梗长2.5—4厘米；中部种鳞鳞盾淡褐色，菱形，有光泽，常有白粉，鳞脐暗褐色；种子褐色或黑褐色，椭圆状倒卵形，长7—8毫米，种翅长2—3厘米。花期4—5月，球果第二年秋季成熟。

地理分布：西藏、云南；阿富汗、不丹、印度、克什米尔、缅甸、尼泊尔、巴基斯坦

生境：多生长于针叶树阔叶树混交林中

海拔：1600—3300米

保育信息：易危

摄影：刘冰

金钱松

Pseudolarix amabilis (J.Nelson) Rehder

重要特征

乔木，高可达40米；树皮粗糙，灰褐色，裂成不规则的鳞片状块片。叶条形，长2—5.5厘米，宽1.5—4毫米，柔软；长枝之叶辐射伸展，短枝之叶簇状密生，平展成圆盘形，秋后叶呈金黄色。雄球花黄色，圆柱状，下垂，长5—8毫米。球果卵圆形或倒卵圆形，长6—7.5厘米，径4—5厘米，成熟前绿色或淡黄绿色，熟时淡红褐色，有短梗；苞鳞长约种鳞的1/4—1/3，卵状披针形，边缘具细齿；种子卵圆形，白色，长6—7毫米；种翅浅黄色或黄褐色，三角状披针形。花期4月，球果10月成熟。

地理分布：福建、湖南、江西、浙江
生境：散生于针叶树、阔叶树林中
海拔：100—1500米
保育信息：易危；国家保护Ⅱ级
摄影：刘冰

罗汉松科
Podocarpaceae

鸡毛松

Dacrycarpus imbricatus (Blume) de Laub.

重要特征

乔木，高可达40米；树皮暗褐色或浅黑色。叶异型，螺旋状排列，下延生长；生于幼树、萌生枝或小枝顶端之叶条形，镰形至S形，先端向上微弯，有微急尖的长尖头；老枝及果枝上之叶开展，针形、镰形，先端急尖。雄球花生于小枝顶端，柱状，长0.6—1.2厘米；雌球花单生或成对生于小枝顶端，通常仅一个发育。种子无梗，卵圆形，长5—6毫米，有光泽，成熟时肉质套被红色。种托成熟时肉质红色。花期2—4月，种子10—12月成熟。

地理分布：广西、海南、云南；柬埔寨、印度尼西亚、老挝、马来西亚、缅甸、巴布亚新几内亚、菲律宾、泰国、越南，以及太平洋一些岛屿

生境：山地雨林和针阔叶混交林中，或形成纯林

海拔：400—1500米

保育信息：易危

摄影：秦新生

陆均松

Dacrydium pectinatum de Laub.

重要特征

乔木，高可达30米；树干直，树皮幼时灰白色或淡褐色，老则变为灰褐色或红褐色，稍粗糙，有浅裂纹；大枝轮生，多分枝；小枝下垂。叶二型，螺旋状排列，紧密，微具四棱，基部下延；幼树、萌生枝或营养枝上之叶较长，镰状针形，长1.5—2厘米，稍弯曲，先端渐尖；老树或果枝之叶较短，钻形或鳞片状，长3—5毫米，有显著的背脊，先端钝尖向内弯曲。雄球花穗状，长8—11毫米；雌球花单生枝顶，无梗。种子卵圆形，长4.5—5毫米。成熟时套被红色肉质，无梗。花期3月，种子10—11月成熟。

地理分布： 海南；印度尼西亚、菲律宾

生境： 常与针叶树、阔叶树种混生成林，或成块状纯林

海拔： 600—2100米

保育信息： 濒危

摄影： 秦新生

竹柏

Nageia nagi (Thunb.) Kuntze

重要特征

乔木，高可达20米；树皮近于平滑，红褐色或暗紫红色，成小块薄片脱落。叶对生，革质，长卵形、卵状披针形或披针状椭圆形，无中脉，长3.5—9厘米，宽1.5—2.5厘米，上面深绿色，有光泽，下面浅绿色，有多数并列的细脉；叶柄基部强烈扭转。雄球花腋生，单生或多至10个簇生，圆柱形、卵状圆柱形或近球形，长1.8—2.5厘米，总梗粗短。雌球花单生叶腋，基部有数枚苞片，花后苞片不肥大成肉质种托。种子圆球形，径1.2—1.5厘米，成熟时套被暗紫色，有白粉，梗长7—13毫米。花期3—4月，种子10月成熟。

地理分布：福建、广东、广西、海南、湖南、江西、四川、浙江、台湾；日本

生境：山地，常绿阔叶林中

海拔：200—1200（—1600）米

保育信息：濒危

摄影：刘冰

海南罗汉松

Podocarpus annamiensis N.E.Gray

重要特征

乔木，高可达16米；树皮灰褐色。叶螺旋状着生，常集生枝顶，厚革质，条状披针形或条状，长4—10.5厘米，宽5—10毫米，上部渐窄，先端钝，基部楔形，有短柄。雄球花腋生，单生，稀2—3个簇生。肉质种托橘红色，倒圆锥状椭球形。套被熟时深蓝紫色，常被白粉。种子卵圆形，长8—10毫米，径6毫米。花期3—4月，种子成熟期9—10月。

地理分布：海南；缅甸、越南
生境：热带山地常绿阔叶林中
海拔：600—1600米
保育信息：濒危；国家保护Ⅱ级
摄影：秦新生

小叶罗汉松

Podocarpus pilgeri Foxw.

重要特征

乔木，高可达15米。叶常密生枝的上部，叶间距离极短，革质或薄革质，斜展，窄椭圆形、窄矩圆形或披针状椭圆形，长1.5—3厘米，上面绿色，有光泽，中脉隆起，下面色淡，干后淡褐色，中脉微隆起，伸至叶尖，边缘微向下卷曲，先端微尖或钝，基部渐窄。雄球花穗状，单生或2—3个簇生叶腋，基部约6枚三角状鳞片。种托成熟时红色，由2种苞组成，种苞披针形。种子球状或椭球型。花期7月，种子10月成熟。

地理分布：广西、广东、海南、云南

生境：喜荫湿环境，常散生于常绿阔叶树林中或生于高山矮林内，或生于岩缝间

海拔：700—2000米

保育信息：濒危；国家保护Ⅱ级

摄影：许为斌

柏科
Cupressaceae

翠柏
Calocedrus macrolepis Kurz

重要特征

乔木，高可达30—35米；树皮红褐色、灰褐色或褐灰色，幼时平滑，老则纵裂；枝斜展，幼树树冠尖塔形，老树则呈广圆形；小枝互生，两列状。鳞叶两对交叉对生，成节状，雄球花矩圆形或卵圆形，黄色。球果矩圆形、椭圆柱形或长卵状圆柱形，熟时红褐色，长1—2厘米；种鳞3对，木质，扁平，仅中间一对各有2粒种子；种子近卵圆形或椭圆形，微扁，上部有两个大小不等的膜质翅，长翅连同种子几乎与中部种鳞等长。花期3—4月，种子成熟期9—10月。

地理分布：广西、贵州、海南、云南、台湾；越南、缅甸、老挝、印度、泰国
生境：林中
海拔：300—2000米
保育信息：易危；国家保护Ⅱ级
摄影：许为斌

岩生翠柏

Calocedrus rupestris Aver., T.H.Nquyên & L.K.Phan

重要特征

常绿乔木，高可达25米；树皮棕灰色至灰色，纵裂，片状剥落。小枝扁平向上斜展，排成平面，明显成节；鳞叶交叉对生，先端宽钝状至钝状，叶基下延，两面异型，中央之叶扁平，两侧之叶对折，楔状，瓦覆于中央之叶的侧边，无腺体，叶背通常绿色或具不显著白色气孔带。雌雄同株。雄球花单生枝顶，圆柱形。雌球果绿褐色，单生或成对生于枝顶，卵形，长5—6毫米，当年成熟。种鳞2对，扁平，木质或有时稍革质；下面一对可育，熟时开裂，先端圆，表面粗糙，有时稍平坦或凹陷；上面一对不育，结合而生。种子通常种子2粒（很少1粒），卵圆形或椭圆形，先端急尖，微扁，上部具2个不等大的翅，长4—5毫米。

地理分布： 广西；越南

生境： 生长于石灰岩山顶、山脊，或陡峭的悬崖边，针阔叶混交林中

海拔： 800—3000米；国家保护Ⅱ级

保育信息： 濒危

摄影： 许为斌

福建柏

Chamaecyparis hodginsii (Dunn) Rushforth

重要特征

乔木，高可达30米；树皮紫褐色，平滑或纵裂。鳞叶2对交叉对生，成节状，通常长4—7毫米，两侧具凹陷的白色气孔带，侧面之叶对折，近长椭圆形，多少斜展，较中央之叶为长，通常长5—10毫米，背侧面具1凹陷的白色气孔带；生于成龄树上之叶较小，两侧之叶长2—7毫米。雄球花近球形，长约4毫米。球果近球形，熟时褐色，径2—2.5厘米；种子具3—4棱，长约4毫米，上部有两个大小不等的翅。花期3—4月，种子翌年10—11月成熟。

地理分布：福建、广东、广西、贵州、湖南、江西、四川、云南、浙江；老挝、越南

生境：均生于温暖湿润的山地森林中

海拔：100—1800米

保育信息：易危；国家保护Ⅱ级

摄影：刘冰

巨柏

Cupressus gigantea W.C.Cheng & L.K.Fu

重要特征

乔木，高可达45米；树皮纵裂成条状；生鳞叶的枝排列紧密，粗壮，常呈四棱形。鳞叶交叉对生，紧密排成整齐的四列。球果矩圆状球形，长1.6—2厘米；种鳞6对，木质，盾形，顶部平，中央有明显而凸起的尖头，能育种鳞具多数种子；种子两侧具窄翅。球果9—10月成熟。

地理分布：西藏

生境：生于雅鲁藏布江沿江地段的漫滩和有灰石露头的阶地阳坡的中下部

海拔：3000—3400米

保育信息：濒危；国家保护Ⅰ级

摄影：刘冰

水松

Glyptostrobus pensilis (Staunton ex D.Don) K.Koch

重要特征

乔木，高8—25米；树皮褐色或灰白色而带褐色，纵裂成不规则的长条片。叶多型：鳞形叶长1.5—3毫米，有白色气孔点，冬季不脱落；条形叶长1—3厘米，背面中脉两侧有气孔带；条状钻形叶长4—11毫米。球果倒卵圆形，长2—2.5厘米，径1.3—1.5厘米；种鳞木质，扁平，鳞背近边缘处有6—10个微向外反的三角状尖齿；苞鳞与种鳞几乎全部合生，仅先端分离，三角状；种子椭圆形，稍扁，褐色，长5—7毫米，基部具翅。花期1—2月，种子成熟期9—10月。

地理分布：福建、广东、海南、江西、四川、广西、云南；越南

生境：生于河滩等阳光充沛的地方

海拔：1000米以下

保育信息：极危；极小种群；国家保护Ⅰ级

摄影：王瑞江

新疆方枝柏

Juniperus pseudosabina Fisch. & C.A.Mey.

重要特征

匍匐灌木；皮灰褐色，裂成薄片脱落。鳞叶交叉对生，长1.5—2毫米，先端微钝，腹面微凹曲，背面拱圆或有明显、微明显的钝脊，中部有矩圆形或宽椭圆形的腺体，腺体通常明显；刺叶仅生于幼树或出现在树龄不大的树上，近披针形，交叉对生或三叶交叉轮生，长8—12毫米，先端渐尖。雌雄同株。球果卵圆形或宽椭圆状卵圆形，长7—10毫米，熟时淡褐黑色或蓝黑色，被或多或少的白粉，有1粒种子；种子卵圆形或椭圆形，微扁，长4—7毫米，有棱脊，基部圆或尖，顶端钝。

地理分布：新疆；阿富汗、哈萨克斯坦、吉尔吉斯斯坦、蒙古、巴基斯坦、塔吉克斯坦、乌兹别克斯坦

生境：山地灌丛

海拔：2000—4000米

保育信息：易危

摄影：刘冰

水杉

Metasequoia glyptostroboides Hu & W.C.Cheng

重要特征

乔木，高可达50米；树干基部常膨大；树皮灰色、灰褐色或暗灰色，幼树裂成薄片脱落，大树裂成长条状脱落；小枝下垂，侧生小枝对生排成羽状，冬季凋落。叶条形，长0.8—3.5厘米，柔软，上面淡绿色，下面色较淡，沿中脉有两条较边带稍宽的淡黄色气孔带，不明显，先端钝；叶在侧生小枝上列成二列，羽状，冬季与枝一同脱落。球果下垂，近四棱状球形或矩圆状球形，成熟前绿色，熟时深褐色，梗长2—4厘米，其上有交对生的条形叶；种鳞木质，盾形。种子扁平，倒卵形或圆形。花期2—3月，球果11月成熟。

地理分布： 重庆、湖北、湖南

生境： 在河流两旁、湿润山坡及沟谷中

海拔： 750—1500米

保育信息： 极危；极小种群；国家保护Ⅰ级

摄影： 刘冰

朝鲜崖柏

Thuja koraiensis Nakai

重要特征

灌木或小乔木；幼树树皮红褐色，平滑，老树树皮灰红褐色，浅纵裂；枝条平展或斜升。叶鳞形，中央之叶近斜方形，长1—2毫米，先端钝，叶背基部有腺点，侧面的叶内弯，长与中央之叶相等或稍短。雄球花紫色，近球形。球果椭圆状球形，长7—10毫米，熟时深褐色；种鳞4对，交叉对生，薄木质，最下部的种鳞近椭圆形，中间两对种鳞近矩圆形，最上部的种鳞窄长，近顶端有突起的尖头；种子椭圆形，扁平，长约4毫米，翅宽约1—1.5毫米，两侧有翅。

地理分布： 吉林；朝鲜

生境： 多生于空气湿润、土壤富有腐殖质的山谷地区，但在土壤瘠薄的山脊及裸露的岩石缝上也能生长

海拔： 700—1800米

保育信息： 极危；极小种群；国家保护Ⅱ级

摄影： 杨永

崖柏

Thuja sutchuenensis Franch.

重要特征

灌木或乔木；枝条密，开展。叶鳞形，生于小枝中央之叶斜方状到卵形，有隆起的纵脊，有的纵脊有条形凹槽，长1.5—3毫米，宽1.2—1.5毫米，先端钝，下方无腺点，侧面之叶船形，宽披针形，较中央之叶稍短，宽0.8—1毫米，先端钝，尖头内弯，两面均为绿色，无白粉。雄球花近椭圆形，长约2.5毫米。球果椭圆形；能育球果种鳞4个。种子卵状长圆形；翅宽0.5毫米，先端急尖。

地理分布： 重庆

生境： 生于石灰岩山地石缝

海拔： 1400—2000米

保育信息： 濒危；极小种群；国家保护Ⅰ级

摄影： 赖阳均

金柏

Xanthocyparis vietnamensis Farjon & T.H.Nguyên

重要特征

乔木，高10—15米；树皮褐色至灰褐色，条状及鳞片状剥落。树枝平展。叶有二至三型：老叶，幼叶和过渡型叶。老叶交互对生，基部短下延，鳞状，二型。雄球花卵状圆柱形，长2.5—4毫米。雌球果近球形，逐渐变为黑色或暗棕色，直径10毫米；种鳞2—3对，交互对生。种子卵形或不规则，扁平，具翅。

地理分布：广西；越南

生境：生于石灰岩山地

海拔：720—1600米

保育信息：极危；国家保护Ⅱ级

摄影：黄俞淞

红豆杉科
Taxaceae

穗花杉
Amentotaxus argotaenia (Hance) Pilg.

重要特征

灌木或小乔木，高可达7米；树皮灰褐色或淡红褐色，裂成片状脱落。叶基部扭转列成两列，条状披针形，长3—11厘米，先端尖或钝，下面白色气孔带与绿色边带等宽或较窄，有极短的叶柄。雄球花穗1—3穗，长5—6.5厘米。种子椭圆形，长2—2.5厘米，顶端有小尖头露出，梗长约1.3厘米，熟时假种皮鲜红色。花期4月，种子10月成熟。

地理分布： 福建、甘肃、广东、广西、贵州、湖北、湖南、江苏、江西、四川、台湾、西藏、浙江；越南

生境： 石灰岩山地，荫湿溪谷两旁或林内

海拔： 300—1100米

保育信息： 易危；国家保护Ⅱ级

摄影： 刘冰

海南粗榧

Cephalotaxus hainanensis H.L.Li

重要特征

乔木，通常高10—20米；树皮通常浅褐色或褐色，稀黄褐色或红紫色，裂成片状脱落。叶条形，排成两列，长2—4厘米，先端微急尖、急尖或近渐尖，上面中脉隆起，下面有2条白色气孔带。雄球花具总梗，梗长约4毫米。种子通常微扁，倒卵状椭圆形或倒卵圆形，长2.2—2.8厘米，顶端有凸起的小尖头；成熟后假种皮常呈红色。

地理分布： 海南、广东、广西、云南、西藏
生境： 散生于林中
海拔： 700—1700米
保育信息： 国家保护Ⅱ级
摄影： 秦新生

白豆杉

Pseudotaxus chienii (W.C.Cheng) W.C.Cheng

重要特征

常绿灌木，高可达4米；枝轮生；小枝近对生或近轮生，基部芽鳞宿存。叶排列成两列，叶片线形，基部扭曲，直或微镰状，先端凸尖，基部钝，下延。雌雄异株，种子当年熟，坚果状，卵形，微扁，除顶端外均被假种皮包围，先端有小尖头。花期3月下旬至5月，种子10月成熟。

地理分布： 浙江、江西、湖南、广东、广西

生境： 生于常绿阔叶树林及落叶阔叶树林中

海拔： 900—1400米

保育信息： 易危；国家保护Ⅱ级

摄影： 于胜祥；杨永

灰岩红豆杉

Taxus calcicola L.M.Gao & Mich.Möller

重要特征

乔木，高可达10米。叶螺旋状排列，基部扭转成两列，条形，长1.4—2.3厘米，先端锐尖，形成一个小尖头。雄球花单个腋生，卵形，黄绿色至浅褐色，基部种苞大。雌球果单个腋生，无柄。种子卵形，略扁，先端钝，具尖头，暗褐色，假种皮杯状，红色肉质。

地理分布： 云南、广西、贵州；越南

生境： 生于石灰岩山地针阔叶混交林中

海拔： 810—1525米

保育信息： 濒危；国家保护Ⅰ级

摄影： 许为斌

红豆杉

Taxus chinensis (Pilg.) Rehder

重要特征

乔木，高可达30米；树皮灰褐色、红褐色或暗褐色，裂成条片脱落。叶排列成两列，条形，长1—3厘米，宽2—4毫米，下面淡黄绿色，有两条气孔带。雄球花淡黄色。种子具杯状假种皮，假种皮熟时红色肉质，间或生于近膜质盘状的种托之上，常呈卵圆形，长5—7毫米，径3.5—5毫米。

地理分布：安徽、福建、甘肃、广西、贵州、湖北、湖南、陕西、四川、云南、浙江；越南

生境：山地溪边竹林中

海拔：1100—2500（—2700）米

保育信息：濒危；国家保护Ⅰ级；CITES附录Ⅱ

摄影：刘冰

榧树

Torreya grandis Fortune ex Lindl.

重要特征

乔木，高可达25米；树皮浅黄灰色、深灰色或灰褐色，不规则纵裂。叶条形，列成两列，长1.1—2.5厘米，宽2.5—3.5毫米，先端凸尖，下面淡绿色，绿色边带与气孔带等宽或稍宽。雄球花圆柱状，长约8毫米。种子椭圆形、卵圆形、倒卵圆形或长椭圆形，长2—4.5厘米，径1.5—2.5厘米，熟时假种皮淡紫褐色，有白粉，顶端微凸，基部具宿存的苞片，胚乳微皱。花期4月，种子翌年10月成熟。

地理分布： 安徽、福建、贵州、湖南、江苏、江西、浙江

生境： 开阔山谷溪边

海拔： 200—1400米

保育信息： 极危；国家保护Ⅱ级

摄影： 侯学良

长叶榧

Torreya jackii Chun

重要特征

乔木，高可达12米；树皮灰色或深灰色，裂成不规则的薄片脱落，露出淡褐色的内皮。叶列成两列，质硬，条状披针形，上部多向上方微弯，镰状，长3.5—9厘米，宽3—4毫米，先端有渐尖的刺状尖头，叶背面淡黄绿色，中脉微隆起，气孔带灰白色。种子倒卵圆形，肉质假种皮被白粉，长2—3厘米，顶端有小凸尖，基部有宿存苞片，胚乳周围向内深皱。

地理分布：福建、江西、浙江

生境：生于林中

海拔：400—1000米

保育信息：濒危；国家保护Ⅱ级

摄影：侯学良

3.4 买麻藤亚纲

Gnetidae

麻黄科

Ephedraceae

中麻黄

Ephedra intermedia Schrenk & C.A.Mey.

重要特征

灌木或半灌木，高可达100厘米；小枝黄色或蓝绿色，常被白粉，节间长2—6厘米。3叶轮生或对生，下部约2/3合生。雄球花常簇生于节上，常无柄；苞片3—4对或轮生。雌球花椭圆形，卵形或长圆状卵形；苞片2—5对或轮生，外轮基部合生。种子2—3粒，卵形或长圆状卵形，为苞片包被。花期5—6月，种子7—8月成熟。

地理分布：甘肃、河北、辽宁、内蒙古、宁夏、青海、陕西、山东、山西、新疆、西藏；阿富汗、哈萨克斯坦、吉尔吉斯斯坦、蒙古、巴基斯坦、俄罗斯、塔吉克斯坦、土库曼斯坦、乌兹别克斯坦

生境：生于草地、荒漠、河谷、滩地、沙地、悬崖及其他干旱多石的地方

海拔：100—4600米

保育信息：易危；国家保护（国发〔2002〕13号令）

摄影：杨永

单子麻黄

Ephedra monosperma J.G.Gmel. ex C.A.Mey.

重要特征

小型半灌木，高约15厘米；木质茎短小，多分枝，有节结状突起；绿色小枝开展或稍开展，常微弯曲，节间细短。叶对生，下部合生，裂片短三角形，先端钝或尖。2—3雄球花生于节上，苞片2—4对，基部合生。雌球花单生或对生于节上，成熟时卵形或矩圆状卵圆形；苞片2—3对，成熟时肉质红色。种子1—2粒，不外露。花期6月，种子8月成熟。

地理分布： 甘肃、河北、内蒙古、青海、山西、四川、新疆、西藏；哈萨克斯坦、蒙古、巴基斯坦、俄罗斯

生境： 干旱石质坡地

海拔： 1400—4800米

保育信息： 易危；国家保护（国发〔2000〕13号令）

摄影： 刘冰

细子麻黄

Ephedra regeliana Florin

重要特征

小型半灌木；小枝簇生于节上，节间长1—3厘米。叶对生，下部合生，先端急尖或稍钝。雄球花常生于小枝节上，椭圆形，苞片4—8对。雌球花在节上对生，或数个成丛生于枝顶，卵形或阔卵形，苞片常3对，成熟时肉质红色。种子1—2粒，光滑，狭卵形，藏于苞片内。

地理分布：新疆；阿富汗、哈萨克斯坦、吉尔吉斯斯坦、巴基斯坦、塔吉克斯坦、乌兹别克斯坦

生境：石质坡地、滩地和沙地

海拔：700—3800米

保育信息：易危；国家保护（国发〔2000〕13号令）

摄影：杨永

斑子麻黄

Ephedra rhytidosperma Pachom.

重要特征

半灌木，根、茎和枝高度木质化。绿色小枝细短。叶对生，基部合生。雄球花在节上对生，无梗，苞片通常2—3对；雌球花单生，成熟时红色肉质，苞片2—3对。种子通常2粒，黄棕色，卵形或矩圆状卵形，比苞片长。4月授粉，种子成熟期5—6月。

地理分布：内蒙古、宁夏、甘肃
生境：生于山坡及滩地
海拔：1200—1800米
保育信息：濒危；国家保护Ⅱ级；国家保护（国发〔2000〕13号令）
摄影：杨永

草麻黄

Ephedra sinica Stapf

重要特征

草本状半灌木，高20—40厘米。木质茎短或成匍匐状。叶对生，基部合生，裂片钻形至狭三角形，先端急尖。雌球花顶生或腋生，苞片4对，最上一对合生，成熟时红色肉质。种子常2粒，黑红色或灰褐色，包于苞片或与苞片等长。花期4—5月，种子7月成熟。

地理分布：甘肃、河北、黑龙江、吉林、辽宁、内蒙古、宁夏、陕西、山西；蒙古

生境：习见于山坡、平原、干燥荒地、河床及草原等处，常组成大面积的单纯群落

海拔：700—1600米

保育信息：国家保护（国发〔2000〕13号令）

摄影：刘冰

4 木兰纲

Magnoliopsida

4.1 木兰藤亚纲

Austrobaileyidae

五味子科

Schisandraceae

地枫皮

Illicium difengpi B.N.Chang

重要特征

灌木，高可达3米。叶常3—5片簇生，革质或厚革质，倒披针形或长椭圆形，先端急尖至近圆，基部楔形。花腋生或近顶生。花被片15—17枚，紫红色至红色，阔椭圆形至近圆形，肉质。心皮常13。果实有9—11个蓇葖。花期4—5月，果期8—10月。

地理分布：广西

生境：常生于石灰岩石山山顶、有土的石缝中或石山疏林下

海拔：700—1200米

保育信息：濒危；国家保护Ⅱ级

摄影：许为斌

五味子

Schisandra chinensis (Turcz.) Baill.

重要特征

木质藤本，叶椭圆形至倒卵形，薄纸质至纸质；侧脉每边3—7条。单花腋生于幼芽早落苞片基部。萼片5—9片，黄色至白色。雄花花粉6沟。雌花心皮数14—40。离生心皮的果实粉红色至红色。种皮光滑。花期5—7月，果期7—10月。

地理分布：河北、黑龙江、吉林、辽宁、内蒙古、山西；日本、韩国、俄罗斯

生境：生于沟谷、溪旁、山坡

海拔：1200—1700米

保育信息：《国家重点保护野生药材物种名录》Ⅲ级

摄影：刘冰

大果五味子

Schisandra macrocarpa Q.Lin & Y.M.Shui

重要特征

木质藤本，常绿，无毛。单叶互生，卵状椭圆形或椭圆形，先端渐尖或短急尖，叶柄长15—70毫米，无托叶。花腋生，茎生花花被片淡绿色、淡黄色或黄色。雄花具3—8雄蕊，合生成球状，肉质，花药无柄；花托肉质、膨大，红色，近球形。雌花具20—30离生心皮；心皮阔倒卵形。种子1枚，黄褐色，扁椭圆形，长8—10毫米，种脐大，U形。

地理分布： 云南

生境： 生于热带森林石灰岩山丘上

海拔： 300—1300米

保育信息： 濒危；国家保护Ⅱ级

摄影： 税玉明

4.2 木兰亚纲

Magnoliidae

马兜铃科

Aristolochiaceae

木通马兜铃

Aristolochia manshuriensis Kom.

重要特征

攀援灌木。圆柱状茎密生白色长柔毛。叶革质，心形至圆形，长15—29厘米，两面均被白色长柔毛。花单生或2朵生于叶腋。萼筒马蹄形。蒴果长圆柱形，开裂。种子三角状心形或心形。花期6—7月，果期8—9月。

地理分布： 甘肃、黑龙江、湖北、吉林、辽宁、陕西、山西、四川；朝鲜

生境： 生于阴湿的阔叶和针叶混交林中

海拔： 100—2200米

保育信息： 易危

摄影： 刘冰

多型叶马兜铃

Aristolochia polymorpha S.M.Hwang

重要特征

草本，缠绕。茎圆柱状，有条纹，无毛。叶形状多样，呈卵形、卵状三角形至戟形，常3深裂。总状花序，腋生，有花2—4朵。蒴果近球形，由基部向上开裂。种子卵形。花期10—12月，果期翌年6—8月。

地理分布：海南
生境：生于林缘或疏林下
海拔：100—200米
保育信息：易危
摄影：秦新生

背蛇生

Aristolochia tuberosa C.F.Liang & S.M.Hwang

重要特征

草本，缠绕；根纺锤形或球形。叶片心形，长8—14厘米，两面无毛，基出脉2—3对，基部心形。花1—3朵腋生。花萼黄绿色，喉部深紫色，直筒线形。蒴果倒卵形，向上开裂。种子卵形。花期11月至翌年4月，果期6—10月。

地理分布： 广西、贵州、湖北、湖南、四川、云南

生境： 石灰岩山上或山沟两旁的灌丛中

海拔： 100—1600米

保育信息： 易危

摄影： 刘冰

马蹄香

Saruma henryi Oliv.

重要特征

根状茎粗壮。叶心形，长6—15厘米，两面和边缘均被柔毛。花单生，花瓣黄绿色，肾心形，基部耳状心形，有爪。蒴果蓇葖状。种子三角状倒锥形，背面有细密横纹。花期4—7月。

地理分布：甘肃、贵州、湖北、江西、陕西、四川

生境：生于山谷林下和沟边草丛中

海拔：600—1000米

保育信息：濒危；国家保护Ⅱ级

摄影：刘冰

肉豆蔻科
Myristicaceae

大叶风吹楠
Horsfieldia kingii (Hook.f.) Warb.

重要特征

乔木，高9—15米；小枝密被锈色星状毛。叶纸质至近革质，长圆状卵圆形至长圆状宽披针形，长（12—）15—30厘米；侧脉12—18对。雄花序腋生或通常从落叶腋生出，长9—15厘米。雌花序腋生。花被裂片5，广卵形。果椭圆形。花期5—8月，果期7—11月。

地理分布：海南、广西、云南；泰国、印度
生境：生于山谷、丘陵荫湿的密林中
海拔：400—1200米
保育信息：易危；国家保护Ⅱ级
摄影：刘冰

木兰科
Magnoliaceae

厚朴

Houpoëa officinalis (Rehder & E.H.Wilson) N.H.Xia & C.Y.Wu

重要特征

落叶乔木，高可达20米；小枝粗壮；顶芽大，狭卵状圆锥形，无毛。叶近革质，7—9片聚生于枝端，长圆状倒卵形。花芳香。花被片9—12（—17），白色，厚肉质；外轮3片灰绿色，长圆状倒卵形；内两轮倒卵状匙形，基部具爪。聚合果长圆状卵圆形；种子三角状倒卵形。花期5—6月，果期8—10月。

地理分布： 陕西、甘肃、河南、湖北、湖南、四川、贵州

生境： 山地林间

海拔： 300—1500米

保育信息： 国家保护Ⅱ级；《国家重点保护野生药材物种名录》Ⅱ级

摄影： 刘冰

山玉兰

Lirianthe delavayi (Franch.) N.H.Xia & C.Y.Wu

重要特征

乔木。树皮灰黑色。嫩枝榄绿色，被淡黄褐色柔毛。叶革质，卵形至卵状长圆形。花芳香，杯状。花被片9—10，外轮淡绿色，边缘外卷；内两轮乳白色或红色，倒卵状匙形。聚合果卵状长圆体形。花期4—6月，果期8—10月。

地理分布：贵州、四川、云南

生境：生于石灰岩山地阔叶林中或沟边较潮湿的坡地

海拔：1500—2800米

保育信息：易危

摄影：刘冰

鹅掌楸

Liriodendron chinense (Hemsl.) Sarg.

重要特征

乔木，高可达40米。小枝灰色或灰褐色。叶马褂状，叶片膜质至纸质。花杯状。花被片9；外轮3片绿色，萼片状；内两轮直立，花瓣状，倒卵形，绿色，具黄色纵条纹。聚合果长7—9厘米，小坚果具翅，具种子1—2颗。花期5月，果期9—10月。

地理分布：安徽、重庆、福建、广西、贵州、湖北、湖南、江西、陕西、四川、云南、浙江；越南

生境：生于山地林中

海拔：900—1000米

保育信息：易危；国家保护Ⅱ级

摄影：刘冰；王亚玲

观光木

Michelia odora (Chun) Noot. & B.L.Chen

重要特征

乔木。树皮淡灰褐色，具深皱纹。叶片倒卵状椭圆形，中上部较宽，正面绿色光滑，基部楔形，先端急尖至钝。花芳香，花被片象牙黄色，有红点，狭倒卵状椭圆形，外轮的最大。聚合果干时黑褐色，具黄点，长椭圆形，有时上部的心皮退化而呈球形。种子在每心皮内4—6枚，椭圆体形或三角状倒卵圆形。花期3月，果期10—12月。

地理分布：江西、福建、广东、海南、广西、江西、云南；越南

生境：生于岩山地常绿阔叶林中

海拔：130—800米

保育信息：极小种群；易危

摄影：侯学良；于胜祥

毛叶天女花

Oyama globosa (Hook.f. & Thomson) N.H.Xia & C.Y.Wu

重要特征

乔木，高可达10米；树皮黑色，光滑。小枝红棕色至暗紫色。叶膜质，椭圆状卵形至阔卵形。花和叶同时出现，花芳香。花被片9（或10），黄白色，倒卵形至椭圆形，几乎等大。聚合果红色，成熟时红棕色，直立。种子黑色，心形。花期5—7月，果期8—9月。

地理分布： 四川、西藏、云南；不丹、印度、缅甸

生境： 生于密林

海拔： 1900—3300米

保育信息： 易危

摄影： 刘冰

华盖木

Pachylarnax sinica (Y.W.Law) N.H.Xia & C.Y.Wu

重要特征

乔木。树皮灰白色。小枝深绿色；老枝暗褐色。叶柄无托叶痕，基部膨大；叶片狭倒卵形或狭倒卵状椭圆形，革质，基部渐狭楔形，下延，边缘稍卷，先端圆并具尖头。花单生枝顶，花蕾绿色，倒卵圆形或卵形。佛焰苞状苞片紧接花被下。花被片9，3轮。聚合果成熟时绿色，干时暗褐色，倒卵形或椭圆状卵形。花期4月，果期9—11月。

地理分布：云南
生境：生于常绿阔叶林中
海拔：1300—1500米
保育信息：极危；国家保护Ⅰ级；极小种群
摄影：蒋宏

望春玉兰

Yulania biondii (Pamp.) D.L.Fu

重要特征

乔木。树皮淡灰色，光滑。小枝灰绿色，无毛；顶芽卵形或宽卵形，密被淡黄色展开长柔毛。叶片狭椭圆形，狭卵形，狭倒卵形或卵形。花先叶开放，芳香。花被9；外轮3片萼片状，紫红色。聚合果圆柱形。种子心形，中部有明显的V形沟，外种皮鲜红色。花期3月，果熟期9月。

地理分布：重庆、甘肃、河南、湖北、湖南、陕西、四川

生境：生于山林间

海拔：600—2100米

保育信息：易危

摄影：刘冰

黄山玉兰

Yulania cylindrica (E.H.Wilson) D.L.Fu

重要特征

落叶乔木，高可达10米；树皮淡灰色，光滑。叶倒卵形、倒卵状长圆形。花先叶开放，直立；花被片9枚，外轮3片与萼片相似，膜质；中内两轮基部常红色，倒卵形。内轮3片直立。聚合果圆柱形，紫红色，后变深紫黑色；种子心形，外种皮棕色。花期4—6月，果熟期8—9月。

地理分布：安徽、福建、河南、湖北、江西、浙江

生境：生于山林中

海拔：700—1600米

保育信息：易危

摄影：刘冰

玉兰

Yulania denudata (Desr.) D.L.Fu

重要特征

落叶乔木，高可达25米，胸径达1米；树皮深灰色；小枝稍粗壮，灰褐色；冬芽及花梗密被淡灰黄色长绢毛。叶纸质，倒卵形、椭圆形，侧脉每边8—10条，网脉明显。花蕾卵圆形，花先叶开放，直立，芳香；花被片9片，白色，基部常带粉红色，长圆状倒卵形。聚合果圆柱形；种子心形，外种皮红色。花期2—3月，果期8—9月。

地理分布： 安徽、重庆、广东、贵州、湖北、湖南、江西、陕西、云南、浙江

生境： 生于山林中

海拔： 500—1000米

保育信息： 易危

摄影： 刘冰

紫玉兰

Yulania liliiflora (Desr.) D.L.Fu

重要特征

落叶灌木，高可达3米，常丛生，树皮灰褐色，小枝绿紫色或淡褐紫色。叶椭圆状倒卵形或倒卵形。花叶同时开放，花为瓶形，稍有香气；花被片9—12，外轮3片萼片状，紫绿色，常早落，内两轮肉质，外面紫色或紫红色，内面带白色，花瓣状。聚合果圆柱形；成熟蓇葖近圆球形。花期3—4月，果期8—9月。

地理分布： 重庆、福建、湖北、陕西、四川、云南
生境： 生于林缘、山坡上
海拔： 300—1600米
保育信息： 易危
摄影： 侯学良；刘冰

武当玉兰

Yulania sprengeri (Pamp.) D.L.Fu

重要特征

落叶乔木，高可达21米，胸径达30厘米，树皮浅灰棕色。嫩枝黄褐色，后变灰色，无毛。叶膜质，倒卵形。花蕾直立，被浅灰黄色细毛。花先叶开放，有芳香；花被片12（—14），外面亮红色，有暗紫色的条纹，倒卵状匙形。聚合果圆柱形。花期3—4月，果期8—9月。

地理分布：重庆、甘肃、贵州、河南、湖北、湖南、江西、陕西、四川、云南

生境：生于山林、灌丛中

海拔：1300—2400米

保育信息：易危

摄影：刘冰；张寿洲

宝华玉兰

Yulania zenii (W.C.Cheng) D.L.Fu

重要特征

落叶乔木，高可达11米，胸径达30厘米，树皮灰白色，平滑。嫩枝绿色，无毛，老枝紫色，疏生皮孔；芽狭卵形。叶膜质，倒卵状长圆形或长圆形，侧脉每边8—10条。花蕾卵形，花先叶开放，有芳香；花被片9，近匙形。聚合果圆柱形。花期3—4月，果期8—9月。

地理分布：江苏

生境：生于山丘上

海拔：约200米

保育信息：极危；极小种群；国家保护Ⅰ级

摄影：刘冰

番荔枝科
Annonaceae

藤春
Alphonsea monogyna Merr. & Chun

重要特征

乔木，高可达12米；小枝被疏柔毛。叶近革质或纸质，椭圆形至长圆形，长7—14厘米；侧脉每边9—11条。花黄色，1—2朵（很少为数朵）生于总花梗上；外轮花瓣长圆状卵形至卵形，内轮花瓣稍小，外面被短柔毛。果近圆球状或椭圆状，密被污色短粗毛，有不明显的小瘤体。花期1—9月，果期9—12月。

地理分布： 广西、海南、云南
生境： 生于山地密林中或疏林中
海拔： 400—1200米
保育信息： 易危
摄影： 薛彬娥

狭瓣鹰爪花

Artabotrys hainanensis R.E.Fr.

重要特征

攀援灌木；小枝无毛。叶纸质，长圆形至长椭圆形，长7—15厘米；侧脉每边7—9条。总花梗与叶对生，钩状下弯，无毛；花白黄色；外轮花瓣狭披针形，渐尖，基部稍阔，内轮花瓣与外轮相似。果椭圆状。花期5月，果期8月。

地理分布： 广东、广西、海南
生境： 生于密林中
海拔： 200—500米
保育信息： 特有
摄影： 秦新生

蕉木

Chieniodendron hainanense (Merr.) Tsiang & P.T.Li

重要特征

常绿乔木，高可达16米。小枝、小苞片、花梗、萼片外面、外轮花瓣两面、内轮花瓣外面和果实均被锈色柔毛。叶薄纸质，长圆形或长圆状披针形，顶端短渐尖，基部圆形。花黄绿色，直径约1.5厘米，1—2朵腋生或腋外生；小苞片卵形；萼片卵圆状三角形，顶端钝；外轮花瓣长卵圆形，内轮花瓣略厚而短。种子淡黄褐色，斜四方形。花期4—12月，果期8月至翌年3月。

地理分布： 海南、广西
生境： 生于山谷水旁密林中
海拔： 300—600米
保育信息： 濒危；极小种群；国家保护Ⅱ级
摄影： 薛彬娥

广西瓜馥木

Fissistigma kwangsiense Tsiang & P.T.Li

重要特征

攀援灌木；嫩枝密被锈色柔毛，老枝无毛，有皮孔。叶纸质，长圆状披针形至狭长圆形，长7—8厘米；侧脉每边13—19条。花黄白色，数朵组成团伞花序，花序通常与叶对生，有时假顶生；外轮花瓣卵状长圆形，内轮花瓣比外轮花瓣小。花期2—9月，果期6—11月。

地理分布：广西、云南
生境：生于山地密林中或山谷溪旁
海拔：200—500米
保育信息：濒危
摄影：刘冰

长叶哥纳香

Goniothalamus gardneri Hook.f. & Thomson

重要特征

乔木，全株无毛；幼枝褐色，老枝有条纹。叶革质，狭长圆状披针形，长10—39厘米。花单生于叶腋或叶痕的上部；花瓣革质，黄绿色，外轮花瓣长圆状披针形，内轮花瓣椭圆形。果卵圆状，聚生，内有种子1—2颗。花期5—11月。果期11月至翌年2月。

地理分布：海南；印度、斯里兰卡、越南

生境：生于山地密林中

海拔：200—700米

保育信息：稀有

摄影：秦新生

海南哥纳香

Goniothalamus howii Merr. & Chun

重要特征

乔木，高5—15米，除花外全株无毛。叶纸质，长圆形，有时椭圆形，长10—25厘米；侧脉每边10—15条。花黄绿色，单朵腋生；外轮花瓣革质，阔卵形，内轮花瓣阔卵形或近菱形，厚革质。果卵状或长卵圆状，顶端短尖，基部钝形，无毛。花期3—9月，果期5月至翌年1月。

地理分布：海南、云南
生境：生于山地林中或沟谷中
海拔：300—800米
保育信息：特有
摄影：秦新生

山蕉

Mitrephora macclurei Weeras. & R.M.K.Saunders

重要特征

乔木，高可达10米。小枝密被毛。叶革质，长圆形、长圆状椭圆形或椭圆形。花大而美丽，初时白色，后变黄色，有红色斑点，单生或数朵生于总花梗上；花瓣两面被柔毛，外轮的倒卵状长圆形，基部有短而阔的爪。果卵状或圆柱状，被锈色短柔毛。花期3—5月，果期9—10月。

地理分布： 广西、贵州、海南、云南；印度、越南、老挝、柬埔寨、印度尼西亚、马来西亚

生境： 生于山地密林中

海拔： 600—1500米

保育信息： 稀有

摄影： 秦新生

海南单籽暗罗

Monoon laui (Merr.) B.Xue & R.M.K.Saunders

重要特征

乔木，高可达25米，胸径达40厘米，树皮暗灰色。叶近革质至革质，长圆形或长圆状椭圆形，长8—20厘米；侧脉每边14—18条。花淡黄色，数朵丛生于老枝上；花瓣长圆状卵形或卵状披针形。果卵状椭圆形，顶端钝，无毛，成熟时红色。花期4—7月，果期10—12月。

地理分布：海南；越南

生境：生于山地常绿阔叶林中

海拔：300—700米

保育信息：稀有

摄影：秦新生

澄广花

Orophea hainanensis Merr.

重要特征

乔木，高可达8米；小枝被疏柔毛，后变无毛。叶纸质，椭圆形或卵圆形，长4—9.5厘米，两面无毛；侧脉每边4—7条。花序腋生或腋上生，通常有花1—3朵，花小，绿白色；外轮花瓣阔卵形至近圆形，有缘毛，内轮花瓣基部有内弯的爪。果圆球状。花期4—7月，果期6—12月。

地理分布： 海南、广西
生境： 生于山地密林中
海拔： 400—700米
保育信息： 易危
摄影： 刘冰

刺果紫玉盘

Uvaria calamistrata Hance

重要特征

攀援灌木；幼枝被锈色星状柔毛，老枝几无毛。叶近革质或厚纸质，长圆形、椭圆形或倒卵状长圆形，长5—17厘米；侧脉每边8—10条。花淡黄色，单生或2—4朵组成密伞花序，腋生或与叶对生；花瓣长圆形。果椭圆形，成熟时红色，密被黄色绒毛状的软刺。花期5—7月，果期7—12月。

地理分布： 广东、广西、海南；越南

生境： 生于山地林中或山谷水沟旁灌木丛中

海拔： 200—800米

保育信息： 稀有

摄影 秦新生

蜡梅科
Calycanthaceae

夏蜡梅
Calycanthus chinensis (W.C.Cheng & S.Y.Chang) W.C.Cheng & S.Y.Chang ex P.T.Li

重要特征

灌木，高1—3米；树皮灰白色或灰褐色。叶宽卵状椭圆形、卵圆形或倒卵形，长11—26厘米。花无香气，苞片5—7个，早落；花被片螺旋状着生于杯状或坛状的花托上，白色，椭圆形；心皮11—12，被绢毛。瘦果长圆形，被绢毛。花期5月，果期10月。

地理分布：浙江
生境：山地沟边林荫下
海拔：600—1000米
保育信息：濒危；国家保护Ⅱ级
摄影：刘冰

莲叶桐科
Hernandiaceae

多毛青藤
Illigera cordata var. *mollissima* (W.W.Sm.) Kubitzki

地理分布：云南
生境：山谷密林或灌丛中
海拔：约1100米
保育信息：易危
摄影：刘冰

重要特征

小叶背面密被柔毛，正面密被短绒毛。果小，直径2.5—4厘米，翅宽1.3—2厘米，被疏柔毛。

樟科
Lauraceae

黔桂黄肉楠
Actinodaphne kweichowensis Y.C.Yang & P.H.Huang

重要特征

小乔木至乔木，高3—10米；树皮灰青色或灰棕色。小枝密被绒毛。顶芽大，圆锥形。叶簇生于枝顶成轮生状，椭圆形、长圆状椭圆形或倒卵状椭圆形，长11—27厘米，革质，侧脉每边6—13条。伞形花序生于叶腋或枝侧，单独或2—3个簇生，无总梗；花被裂片6，卵形或椭圆形。子房卵圆形，被柔毛。果近球形。花期5—6月，果期10月。

地理分布： 广西、贵州
生境： 生于山坡混交林中
海拔： 1000—1300米
保育信息： 易危
摄影： 刘冰

西畴北油丹

Alseodaphnopsis sichourensis (H.W.Li) H.W.Li & J.Li

重要特征

常绿乔木，高可达30米，胸径达60厘米。一年生枝条圆柱形，无毛。顶芽大，卵球形。叶互生，疏离，长圆形，长9—20厘米，近革质，边缘微内卷，两面无毛，羽状脉，侧脉每边约12条，横脉和小脉网状在下面却略呈蜂巢状小窝穴。花未见。果序圆锥形。果椭圆形，长达5厘米，红色，无毛。

地理分布： 云南
生境： 生于石灰山上常绿阔叶林中
海拔： 1300—1500米
保育信息： 濒危
摄影： 刘冰

山潺

Beilschmiedia appendiculata (C.K.Allen) S.K.Lee & Y.T.Wei

重要特征

乔木，高6—30米，胸径可达60厘米；树皮灰黄色。顶芽密被灰褐色短绒毛。小枝无毛或被微柔毛，微具棱角。叶对生或互生，椭圆形、长椭圆形，稀倒卵形，长5—11厘米。圆锥花序腋生，被短柔毛；花黄色；花被裂片6间或8枚，椭圆形。果椭圆形、卵状椭圆形。花期2—3月，果期5—7月。

地理分布： 海南

生境： 生于山谷路边疏林中或溪边

海拔： 80米以下

保育信息： 易危

摄影： 秦新生

陀螺果琼楠
Beilschmiedia turbinata Bing Liu & Y.Yang

重要特征

乔木，高可达18米，胸径可达1米；树皮灰黑色。小枝粗壮，常有棱、纵纹和明显皮孔，干时黑褐色。叶互生，稀近对生或对生，阔椭圆形，稀椭圆状披针形，侧脉每边5—9条，两面明显凸起，小脉纤细，密网状。圆锥花序顶生或腋生；花被裂片卵形或阔卵形，与花丝密被短柔毛。果倒陀螺形。

地理分布：云南；越南

生境：生于石灰岩山地常绿阔叶林中

海拔：1000—1200米

保育信息：极危

摄影：刘冰

麻栗坡檬果樟

Caryodaphnopsis malipoensis Bing Liu & Y.Yang

重要特征

乔木，高5—10米。小枝粗壮，直立，黄褐色，密被锈色柔毛。叶对生或近对生，卵状长圆形，长9—19（—22）厘米，纸质，侧脉每边3—4条。圆锥花序腋生，密被锈色柔毛。花浅黄色或黄色。花被裂片6。子房近球形，密被褐色长柔毛。果下垂，鳄梨果形，长6.8—8.3厘米，直径4.6—5.7厘米，被暗褐色微肉毛。花期4—5月。

地理分布：云南

生境：生于常绿阔叶林中

海拔：850—1150米

保育信息：易危

摄影：刘冰

天竺桂

Cinnamomum japonicum Siebold

重要特征

常绿乔木，高10—15米，胸径30—35厘米。枝条细弱，具香气。叶近对生或在枝条上部者互生，卵圆状长圆形至长圆状披针形，长7—10厘米，革质，离基三出脉，细脉在上面密集而呈明显的网结状但在下面呈细小的网孔。圆锥花序腋生。花被裂片6，卵圆形。子房卵珠形，柱头盘状。果长圆形，无毛。花期4—5月，果期7—9月。

地理分布： 安徽、福建、江苏、江西、台湾、浙江；日本、韩国

生境： 生于低山或近海的常绿阔叶林中

海拔： 300—1000米

保育信息： 易危；国家保护Ⅱ级

摄影： 刘冰

山柿子果

Lindera longipedunculata C.K.Allen

重要特征

常绿小乔木，高3—6米。枝条圆柱形，幼枝条具棱角，无毛。顶芽细锥形，芽鳞密被金黄色柔毛。叶互生，长椭圆形至长圆形，通常长13厘米以上，坚纸质或近革质，羽状脉。伞形花序单一腋生，雄花序约具花10朵；雌花序有8朵花。雄花淡黄绿色，雌花淡绿色，花被片6，长圆形。果球形。花期10—11月，果期翌年6—8月。

地理分布：西藏、云南
生境：生于山坡松林或常绿阔叶林中
海拔：2100—2900米
保育信息：易危
摄影：刘冰

大萼木姜子

Litsea baviensis Lecomte

重要特征

常绿乔木，高可达20米，胸径达60厘米；树皮灰白色或灰黑色。小枝灰褐色，幼时有柔毛。顶芽裸露，卵圆形，外被黄褐色短柔毛。叶互生，椭圆形或长椭圆形，长11—20（—24）厘米，革质，羽状脉，侧脉每边7—8条。伞形花序常几个簇生一起，腋生短枝上；花被裂片6，宽卵形，外面有短柔毛。果椭圆形，成熟时紫黑色；果托杯状，厚木革质。花期5—6月，果期9月或翌年2—3月。

地理分布： 广西、海南、云南；泰国、越南

生境： 生于密林中或林中溪旁处

海拔： 400—2000米

保育信息： 濒危

摄影： 秦新生

蜂窝大姜子

Litsea foveola Kosterm.

重要特征

常绿灌木或小乔木，高3—5米。幼枝灰褐色，被灰黄色长柔毛。顶芽卵圆形，鳞片外面被密柔毛。叶互生或集生枝顶，椭圆形或长圆形，长5—22厘米，羊皮革质，上面有显著的蜂窝状小穴。伞形花序常2个簇生于枝顶叶腋；花被裂片6，卵形或倒卵形。果球形；果梗极短。花期7月，果期12月。

地理分布：广西

生境：生于石灰岩山地疏林或密林中

海拔：300—700米

保育信息：易危

摄影：刘冰

红河木姜子

Litsea honghoensis H.Liu

重要特征

常绿乔木，高可达10米，胸径达30厘米；树皮黑灰色或黄绿带棕褐斑块。小枝无毛，干后黄褐色或紫红褐色。顶芽卵圆形，鳞片外面被丝状短柔毛。叶互生或集生于枝顶，长椭圆形至倒卵状披针形，长10—19厘米，革质，羽状脉。伞形花序簇生或单生叶腋；花被裂片6，圆形。果球形。花期2—3月，果期8—9月。

地理分布： 云南
生境： 生于山谷林中
海拔： 1300—2200米
保育信息： 濒危
摄影： 刘冰

赛短花润楠

Machilus parabreviflora Hung T.Chang

重要特征

灌木，高约2米。嫩枝无毛。顶芽卵形，芽鳞数片，外面密被黄棕色小伏柔毛。叶聚生于枝梢，线状倒披针形，长6—11（—12）厘米，革质，侧脉每边8—10条。圆锥花序2—9个近顶生；花被裂片两面有微柔毛，外轮的卵圆形，内轮的卵形。果球形。

地理分布： 广西；越南、日本

生境： 生于低地森林

海拔： 300—1100米

保育信息： 濒危

摄影： 刘冰

闽楠

Phoebe bournei (Hemsl.) Y.C.Yang

重要特征

大乔木，高可达15—20米，树干通直，分枝少；老的树皮灰白色，新的树皮带黄褐色。小枝有毛或近无毛。叶革质或厚革质，披针形或倒披针形，长7—13（—15）厘米，侧脉每边10—14条。圆锥花序生于新枝中、下部，被毛，通常3—4个；花被片卵形。果椭圆形或长圆形。花期4月，果期10—11月。

地理分布：福建、广东、广西、贵州、海南、湖北、江西

生境：见于山地沟谷阔叶林中

海拔：1000米以下

保育信息：易危；国家保护Ⅱ级

摄影：侯学良

大萼楠

Phoebe megacalyx H. W. Li

重要特征

乔木，高约5米；树皮黑褐色。芽被黄褐色茸毛。小枝近圆柱形，密被黄褐色绒毛。叶薄革质，倒卵状披针形或倒披针形，长[illegible]—45厘米，侧脉每边22—28条。圆锥花序长达23厘米，在最末端作简单分枝，被开展的黄褐色绒毛；苞片线状披针形。果倒卵状长圆形或倒卵形，先端具小尖头。花期4—5月，果期6—7月。

地理分布： 云南、越南

生境： 生于低海拔的沟边杂木林中

海拔： 150—400（—1700）米

保育信息： 濒危

摄影： 刘冰

4.3 金粟兰亚纲
Chloranthidae

金粟兰科
Chloranthaceae

海南草珊瑚
Sarcandra glabra subsp. *brachystachys* (Blume) Verdc.

重要特征

叶纸质，椭圆形、宽椭圆形至长圆形，长8—20厘米；侧脉5—7对；托叶钻形。穗状花序顶生，分枝少，对生，多少成圆锥花序状；苞片三角形或卵圆形。核果卵形，幼时绿色，熟时橙红色。花期10月至翌年5月，果期3—8月。

地理分布： 广东、广西、海南、云南；老挝、泰国、越南
生境： 生于山坡、沟谷林下荫湿处
海拔： 400—1600米
保育信息： 稀有
摄影： 秦新生

4.4 百合亚纲
Liliidae

天南星科
Araceae

花南星
Arisaema lobatum Engl.

重要特征

块茎球形。鳞叶3，褐色，常有红点。叶1或2，叶柄具鞘；叶片3全裂，中裂片具柄，长圆形或椭圆形；侧裂片无柄，极不对称，长圆形。花序柄与叶柄近等长。佛焰苞淡紫色或淡橄榄绿，管部漏斗状；檐部卵形或宽披针形，狭渐尖。肉穗花序单性；雌花序圆柱形或近球形。浆果有种子3枚。花期4—7月。

地理分布： 安徽、重庆、甘肃、广西、贵州、河北、河南、湖北、湖南、江苏、江西、山西、四川、云南、浙江

生境： 生于森林、草地、草坡

海拔： 600—3300米

保育信息： 特有

摄影： 刘冰

画笔南星

Arisaema penicillatum N.E.Br.

重要特征

块茎球形，直径1—3厘米。鳞叶披针形。叶2，叶柄具鞘；叶片3全裂，中裂片具柄，椭圆形，侧裂片近无柄，长圆披针形。花序柄比叶柄长或等长。佛焰苞管部淡绿色，近圆柱形，喉部边缘不外卷；檐部长圆形，渐尖，具尖头。肉穗花序单性，雌花序金字塔形，雄花序狭圆锥形。花期4—7月。

地理分布： 广东、广西、海南、台湾

生境： 生于密林下层

海拔： 1000米以下

保育信息： 易危；

摄影： 刘冰

岩生南星

Arisaema saxatile Buchet

重要特征

块茎近球形，直径1—2厘米。鳞叶2，膜质，锐尖。叶1—2，叶柄长，具鞘；叶片3裂或鸟足状5裂，狭披针形或椭圆形，纸质；全缘，基部狭楔形，先端长渐尖。佛焰苞绿色，管部漏斗形；檐部卵状披针形，顶端渐尖。肉穗花序单性，雌花序圆柱形。浆果成熟时红色，种子1—4。花期6月，果期8月。

地理分布： 四川、云南

生境： 生于松树林、草坡、高山草原

海拔： 1500—3400米

保育信息： 稀有

摄影： 刘冰

双耳南星

Arisaema wattii Hook.f.

重要特征

块茎扁球形，直径2.3—5厘米。鳞叶3—4，先端急尖或钝，具紫色斑块。叶2；叶柄具鞘；叶片3裂，中裂片椭圆形；侧裂片狭倒卵形，与中裂片等长。花序柄与叶柄近等长。佛焰苞淡紫褐色或紫绿色，管部圆柱形；檐部宽卵形，先端短渐尖。肉穗花序单性，雌花序圆锥形。浆果成熟时呈红色，种子4，卵形。花期4—5月，果期6—9月。

地理分布： 西藏、云南；印度、缅甸

生境： 生于混交阔叶林、被青苔常绿森林、草坡

海拔： 2100—3300米

保育信息： 稀有

摄影： 刘冰

山珠南星

Arisaema yunnanense Buchet

重要特征

块茎扁球形或近球形。鳞叶2，纸质。叶1—2，叶柄具鞘；叶片3裂，中裂片具柄，椭圆形，有时卵形，基部楔形或短，顶端渐尖；侧裂片卵形或披针形，基部楔形，略偏斜。佛焰苞绿色，有白条纹；檐部先端渐尖。肉穗花序单性，雄花序金字塔形；雌花序圆锥形。浆果成熟时红色，种子通常2—3。花期5—7月，果8—9月成熟。

地理分布： 贵州、四川、云南；缅甸

生境： 生于松树林、松树—栎树林、草坡、路旁、灌丛

海拔： 700—3200米

保育信息： 稀有

摄影： 刘冰

海菜花

Ottelia acuminata (Gagnep.) Dandy

重要特征

沉水草本。叶形变化较大，线形至阔心形，先端钝。花单生，雌雄异株；佛焰苞无翅，具2—6棱；雄花花瓣白色，底部黄色，倒心形或倒卵形；雌花佛焰苞内含2—9朵雌花，花萼、花瓣与雄花的相似，花柱3，2深裂。果为三棱状圆柱形至纺锤形；种子狭椭圆形。花期5—10月。

地理分布： 广东、广西、贵州、海南、四川、云南

生境： 生于湖泊、池塘、河渠、稻田、河流

海拔： 2690米以下

保育信息： 国家保护Ⅱ级

摄影： 刘冰

长梗石柑

Pothos kerrii Buchet ex P.C.Boyce

重要特征

蔓生藤本。小枝圆柱形。叶柄长圆形至长圆状三角形，具宽翅，基部下延成爪，顶端截形至有耳。叶片披针形至狭椭圆形，基部圆，顶端有短尖头至急尖。花序腋生，花序梗深紫色。佛焰苞绿紫色，卵形，深凹至近平，基部心形，顶端钝而具短尖头。果倒棍棒状至椭圆。花期3月。

地理分布： 广西、老挝、越南

生境： 生于密林、石上

海拔： 400米以下

保育信息： 易危

摄影： 刘冰

岩芋

Remusatia vivipara (Roxb.) Schott

重要特征

块茎扁球形。叶柄具鞘；叶片薄革质，长圆状卵形或披针形，长11—33厘米。花先于叶开放。佛焰苞管部外面绿色，檐部内部黄色，初直立后反折，倒卵形，顶端急尖，具凸尖；能育雄花序棍棒状，圆柱形，黄色。花期4—9月。

地理分布： 西藏、云南、台湾；孟加拉国、不丹、印度、印度尼西亚、老挝、尼泊尔、斯里兰卡、泰国、越南、亚洲西部、太平洋岛屿、澳大利亚北部、非洲、马达加斯加

生境： 生于亚热带森林、峭壁，附生岩石上

海拔： 700—1900米

保育信息： 稀有

摄影： 秦新生

薯蓣科
Dioscoreaceae

尖头果薯蓣
Dioscorea bicolor Prain & Burkill

重要特征

缠绕草质藤本。茎较细弱，右旋。叶对生或互生，近圆形或卵形，基部心形至宽心形，全缘。雌雄异株，雄花序穗状，1—3个着生于叶腋，雄蕊6；雌花序穗状，单生于叶腋；退化雄蕊小。蒴果三棱状椭圆形；种子着生于每室中轴中部，四周有膜质翅。花期8—9月，果期8—10月。

地理分布： 四川、云南

生境： 生于山沟草丛中

海拔： 600—2100米

保育信息： 濒危；特有

摄影： 刘冰

光叶薯蓣

Dioscorea glabra Roxb.

重要特征

缠绕草质藤本。根状茎短粗。茎无毛，右旋，基部有刺。单叶，在茎下部的互生，中部以上的对生；叶片通常为卵形，全缘，两面无毛。雌雄异株，雄花序穗状，通常2—5个簇生或单生于花序轴上排列呈圆锥花序，雄蕊6，内弯。雌花序穗状，1—2个着生于叶腋。蒴果三棱状扁圆形。花期9—12月，果期12月至翌年1月。

地理分布： 广西、云南；不丹、柬埔寨、印度、印度尼西亚、老挝、马来西亚、缅甸、泰国、越南

生境： 生于山坡、路边、沟旁的常绿阔叶林下或灌丛中

海拔： 200—1500米

保育信息： 易危

摄影： 刘冰

柔毛薯蓣

Dioscorea martini Prain & Burkill

重要特征

缠绕草质藤本。茎幼时被白色曲柔毛，老时易脱落。叶片长心形。雌雄异株，雄花2—5朵组成小聚伞花序，若干小花序再排列成穗状花序，常2—4（—5）个着生叶腋。雌花序穗状。蒴果反折，长圆形。花期7—8月，果期9—10月。

地理分布： 贵州、四川、云南

生境： 河谷、溪边、林缘

海拔： 700—2400米

保育信息： 极危

摄影： 刘冰

穿龙薯蓣

Dioscorea nipponica Makino

重要特征

缠绕草质藤本。根状茎横生，多分枝。单叶互生；叶片掌状心形，变化较大。雌雄异株。雄花序为腋生的穗状花序，花序基部常由2—4朵集成小伞状，至花序顶端常为单花。雌花序穗状，单生，雌花具有退化雄蕊，有时雄蕊退化仅留有花丝；雌蕊柱头3裂，裂片再2裂。蒴果三棱形。花期6—8月，果期8—10月。

地理分布： 安徽、甘肃、贵州、河北、黑龙江、河南、湖北、江西、吉林、辽宁、内蒙古、宁夏、青海、陕西、山东、山西、四川、浙江；日本、韩国、俄罗斯

生境： 山腰的河谷两侧半阴半阳的山坡灌木丛中和稀疏杂木林内及林缘较多，而在山脊路旁及乱石覆盖的灌木丛中较少，喜肥沃、疏松、湿润、腐殖质较深厚的黄砾壤土和黑砾壤土

海拔： 100—1800米

保育信息： 曾被列为国家保护二批Ⅱ级

摄影： 刘冰

小花盾叶薯蓣

Dioscorea sinoparviflora C.T.Ting & al.

重要特征

缠绕草质藤本。根状茎横生。茎左旋，或具短刺。单叶互生；叶片近革质，卵圆形，有时3—5浅裂。花单性，雌雄异株；雄花序单生或2—3个簇生于叶腋；雄花无梗，常2—3个簇生，再排列成穗状，每簇花通常仅1—2朵发育，花被片紫红色，雄蕊6。雌花序与雄花序相似，退化雄蕊常呈丝状。蒴果三棱形，每棱翅状。花期3—8月，果期8—12月。

地理分布：云南

生境：生于干热河谷的石灰岩山坡上，见于稀疏灌丛或竹林中

海拔：400—2000米

保育信息：濒危

摄影：刘冰

毛胶薯蓣

Dioscorea subcalva Prain & Burkill

重要特征

缠绕草质藤本。块茎圆柱形，垂直生长，表面生有须根。叶片卵状心形或圆心形。雌雄异株。雄花2—6朵组成小聚伞花序，少数单生，若干小花序再排成穗状花序，通常2—3个着生叶腋。雌花序穗状。蒴果三棱状倒卵形。花期7—8月，果期9—10月。

地理分布：广西、贵州、湖南、四川、云南

生境：山谷、山坡灌丛或林缘、路边较湿润的地方

海拔：700—2600米

保育信息：濒危

摄影：刘冰

盾叶薯蓣

Dioscorea zingiberensis C.H.Wright

重要特征

缠绕草质藤本。根状茎横生。茎左旋，有时有刺。单叶互生；叶片通常3浅裂至3深裂。雌雄异株或同株，雄花无梗，常2—3朵簇生，再排列成穗状，花序单一或分枝，1或2—3个簇生叶腋，通常每簇花仅1—2朵发育；雌花序与雄花序几相似，雌花具花丝状退化雄蕊。蒴果三棱形。花期5—8月，果期9—10月。

地理分布： 甘肃、河南、湖北、湖南、陕西、四川、云南

生境： 破坏过的杂木林间或森林、沟谷边缘或路旁，常见于腐殖质深厚的土层中，有时也见于石隙中，平地和高山都有生长

海拔： 100—1500米

保育信息： 曾被列为国家保护二批Ⅱ级

摄影： 刘冰

百部科
Stemonaceae

大百部
Stemona tuberosa Lour.

重要特征

蔓生藤本。茎多分枝，下部木质化。叶对生或轮生，极少有互生，卵状披针形、卵形或宽卵形。花单生或1—3朵排成总状花序，生于叶腋或偶尔贴生于叶柄上；花被片黄绿色带紫色脉纹；雄蕊紫红色；子房小，卵形，花柱近无。蒴果光滑，具多数种子。花期4—7月。

地理分布： 福建、广东、广西、贵州、海南、湖北、湖南、江西、四川、云南、台湾；孟加拉国、柬埔寨、印度、老挝、缅甸、菲律宾、泰国、越南

生境： 山坡丛林下、溪边、路旁，以及山谷和阴湿岩石中

海拔： 300—2300米

保育信息： 易危（重庆、广西等地破坏严重）

摄影： 秦新生

藜芦科
Melanthiaceae

七叶一枝花
Paris polyphylla Smith

重要特征

单茎。叶5—10（—22）枚；叶片多样化，常长圆形至披针形，基部圆至楔形。外轮花被片绿色或黄绿色，（3—）4—6（—7）枚，狭卵状披针形；内轮花被片狭条形，通常比外轮长。蒴果球形，有时瘤状。种子被红色多汁的外种皮。花果期3—11月。

地理分布：安徽、福建、甘肃、广东、广西、贵州、河南、湖北、湖南、江苏、江西、陕西、山西、四川、西藏、云南、浙江、台湾；不丹、印度、老挝、缅甸、尼泊尔、泰国、越南

生境：林下、竹林、草地、石坡或溪边

海拔：100—3500米

保育信息：国家保护Ⅱ级

摄影：刘冰

华重楼

Paris polyphylla var. *chinensis* (Franch.) H.Hara

重要特征

单茎。叶5—8枚轮生，通常7枚，倒卵状披针形、矩圆状披针形或倒披针形，基部通常楔形。内轮花被片狭条形，通常中部以上变宽，长为外轮的1/3至近等长或稍超过；雄蕊8—10枚，花药长为花丝的3—4倍。花期5—7月，果期8—10月。

地理分布：安徽、福建、广东、广西、贵州、湖北、湖南、江苏、江西、四川、云南、台湾；老挝、缅甸、泰国、越南

生境：林下荫处或沟谷边的草丛中

海拔：2800—3000米

保育信息：易危；国家保护Ⅱ级

摄影：侯学良；刘冰

北重楼

Paris verticillata M.Bieb.

重要特征

根状茎细长。叶（5—）6—8枚轮生，披针形、狭矩圆形、倒披针形或倒卵状披针形。外轮花被片绿色，极少带紫色，通常4（-5）枚，倒卵状披针形、矩圆状披针形或倒披针形；内轮花被片黄绿色，条形；子房近球形，紫褐色，顶端无盘状花柱基，花柱具4—5分枝，向外反卷。蒴果浆果状，不开裂，具几颗种子。花期5—6月，果期7—9月。

地理分布： 安徽、甘肃、河北、黑龙江、吉林、辽宁、内蒙古、陕西、山西、四川、浙江；日本、韩国、蒙古、俄罗斯

生境： 山坡林下、草丛、阴湿地或沟边

海拔： 1100—3600米

保育信息： 曾被列为国家保护二批Ⅱ级

摄影： 刘冰

秋水仙科
Colchicaceae

山东万寿竹
Disporum smilacinum A.Gray

重要特征

植株较矮小，具细短的根。茎通常不分枝。叶卵形至椭圆形。花白色，单朵生于茎顶端，有时为2花；花被片稍张开，基部略为囊状；花丝扁平；花柱连同3裂的柱头2或3倍长于子房；雌雄蕊不伸出花被外。浆果球形，成熟时黑色。花期4—5月。

地理分布： 山东；日本、韩国、俄罗斯
生境： 林下
海拔： 0—400（—1600）米
保育信息： 稀有
摄影： 刘冰

百合科
Liliaceae

岷江百合
Lilium regale E.H.Wilson

重要特征

鳞茎宽卵圆形。茎有小乳头状突起。叶散生，多数，狭条形。花1至数朵，开放时有香，喇叭形，白色，喉部为黄色。外轮花被片披针形；内轮花被片倒卵形；子房圆柱形；柱头膨大。花期6—7月。

地理分布：四川
生境：山坡岩石边上、河旁
海拔：800—2500米
保育信息：稀有
摄影：刘冰

淡黄花百合

Lilium sulphureum Baker ex Hook.f.

重要特征

鳞茎球形。叶散生，披针形，上部叶腋间具珠芽。花通常2朵，喇叭形，有香味，白色；外轮花被片矩圆状倒披针形；内轮花被片匙形；子房圆柱形，紫色；柱头膨大。花期6—7月。

地理分布：广西、贵州、四川、云南；缅甸
生境：路边、草坡或山坡阴处疏林下
海拔：100—1900米
保育信息：曾被列为国家保护二批Ⅱ级；稀有
摄影：刘冰

青岛百合

Lilium tsingtauense Gilg

重要特征

鳞茎近球形；鳞片白色，无节。茎无小乳头状突起。叶轮生，1—2轮，每轮具叶5—14枚，矩圆状到披针形、倒披针形至椭圆形，除轮生叶外还有少数散生叶，披针形。花单生或2—7朵排列成总状花序；花橙黄色或橙红色，有紫红色斑点；花柱长为子房的2倍，柱头膨大，常3裂。花期6月，果期8月。

地理分布：安徽、山东；朝鲜、韩国

生境：山坡阳处杂木林中或高大草丛中

海拔：100—400米

保育信息：易危；国家保护Ⅱ级

摄影：刘冰

卓巴百合

Lilium wardii Stapf ex F.C.Stern

重要特征

鳞茎近球形。茎紫褐色，有小乳头状突起。叶散生，狭披针形，上面具明显的3条下陷脉，两面均无毛。总状花序有花2—10朵，少有花单生；花下垂，花被片反卷，淡紫红色或粉红色，有深紫色斑点，花药紫色，花粉橙黄色；柱头近球形，3裂。花期6—8月，果期8月。

地理分布： 贵州、四川、西藏
生境： 山坡草地或山坡灌丛下
海拔： 2000—3400米
保育信息： 曾被列为国家保护二批Ⅱ级；稀有
摄影： 刘冰

兰科
Orchidaceae

多花脆兰
Acampe rigida (Buch.-Ham. ex Sm.) P.F.Hunt

重要特征

大型附生植物。茎粗壮，近直立，不分枝，节间长2—3厘米，具多数二列的叶。叶近肉质，带状。花序腋生或与叶对生，具多数花；花黄色带紫褐色横纹，不甚开展，具香气；萼片相似，等大，长圆形；花瓣狭倒卵形；唇瓣白色，厚肉质，3裂。蒴果近直立，圆柱形或长纺锤形。花期8—9月，果期10—11月。

地理分布： 广东、广西、贵州、海南、云南、台湾；不丹、柬埔寨、印度、老挝、马来西亚、缅甸、尼泊尔、斯里兰卡、泰国、越南及非洲

生境： 生于林中树干上或林下岩石上

海拔： 300—1800米

保育信息： 曾被列为国家保护二批Ⅱ级；CITES附录Ⅱ

摄影： 秦新生

多花指甲兰

Aerides rosea Lodd. ex Lindl. & Paxton

重要特征

茎粗壮。叶肉质，狭长圆形或带状，先端钝并且不等侧2裂。花序叶腋生，常1—3个，不分枝；花序轴密生许多花；花白色带紫色斑点，开展；中萼片近倒卵形，侧萼片稍斜卵圆形，花瓣与中萼片相似而等大，唇瓣3裂。蒴果近卵形。花果期8—10月。

地理分布： 广西、贵州、云南；不丹、印度、老挝、缅甸、泰国、越南

生境： 生于山地林缘或山坡疏生的常绿阔叶林中的树干上

海拔： 300—1600米

保育信息： 濒危；曾被列为国家保护二批Ⅱ级；CITES附录Ⅱ

摄影： 刘冰

无柱兰

Amitostigma gracilis (Blume) X.H.Jin, Schuit. & W.T.Jin

重要特征

块茎肉质。茎纤细，直立或近直立，近基部具1枚大叶，在叶之上具1—2枚苞片状小叶。叶片狭长圆形、长圆形、椭圆状长圆形或卵状披针形。总状花序具5至20余朵花，偏向一侧；花小，粉红色或紫红色；唇瓣较萼片和花瓣大，轮廓为倒卵形，具距，中部之上3裂。花期6—7月，果期9—10月。

地理分布 安徽、福建、广西、贵州、河北、河南、湖北、湖南、江苏、辽宁、陕西、山东、四川、浙江、台湾；日本、韩国

生境：生于山坡沟谷边或林下阴湿处覆有土的岩石上或山坡灌丛下

海拔：200—3000米

保育信息：曾被列为国家保护二批Ⅱ级；CITES附录Ⅱ

摄影 刘[illegible]

大花无叶兰

Aphyllorchis gollanii Duthie

重要特征

根状茎疏生粗厚的肉质根。茎直立，带紫色，中部以下具多枚鞘，上部具少数鳞片状不育苞片；有抱茎鞘，膜质。总状花序具10余朵花；花淡紫褐色；萼片卵状披针形；花瓣稍短于萼片；唇瓣近长圆状倒卵形，与花瓣近等长，基部稍凹陷。花期6—7月。

地理分布： 西藏；印度

生境： 常绿阔叶林下

海拔： 2200—2400米

保育信息： 濒危；曾被列为国家保护二批Ⅱ级；CITES附录Ⅱ

摄影： 刘冰

牛齿兰

Appendicula cornuta Blume

重要特征

附生草本。茎丛生，直立或悬垂，不分枝。叶二列互生，狭卵状椭圆形或近长圆形。总状花序顶生或侧生，短于叶，具2—6朵花；花小，白色。中萼片椭圆形；侧萼片斜三角形，与唇瓣基部共同形成萼囊；花瓣卵状长圆形；唇瓣近长圆形。蒴果椭圆形。花期7—8月，果期9—10月。

地理分布：广东、海南；柬埔寨、印度、印度尼西亚、马来西亚、缅甸、菲律宾、泰国、越南

生境：生于林中岩石上或阴湿石壁上

海拔：800米以下

保育信息：曾被列为国家保护二批Ⅱ级；CITES附录Ⅱ

摄影：秦新生

竹叶兰

Arundina graminifolia (D.Don) Hochr.

重要特征

地生兰，茎直立，有叶鞘包围。叶多数，先端渐尖。花序具2—10朵花，但每次仅开1朵花；花粉红色或略带紫色或白色；萼片狭椭圆形；花瓣椭圆形，与萼片近等长；唇瓣3裂。蒴果近长圆形。花果期7—11月，但1—4月也有。

地理分布：福建、广东、广西、贵州、海南、湖南、江西、四川、西藏、云南、浙江、台湾；不丹、柬埔寨、印度、印度尼西亚、老挝、马来西亚、缅甸、尼泊尔、斯里兰卡、泰国、越南

生境：草坡、溪谷旁、灌丛下或林中

海拔：400—2800米

保育信息：曾被列为国家保护二批Ⅱ级；CITES附录Ⅱ

摄影：刘冰

白及

Bletilla striata (Thunb. ex A.Murray) Rchb.f.

重要特征

假鳞茎扁球形，富黏性。茎劲直。叶4—6枚，抱茎。花序具3—10朵花，常不分枝；苞片开花时常凋落；花大，紫红色或粉红色；萼片和花瓣近等长；花瓣较萼片稍宽；唇瓣白色带紫红色，具紫色脉；唇盘上面具5条纵褶片，从基部伸至中裂片近顶部，仅在中裂片上面为波状；蕊柱柱状，具狭翅，稍弓曲。花期4—5月。

地理分布：安徽、福建、甘肃、广东、广西、贵州、湖北、湖南、江苏、江西、陕西、四川、浙江；日本、韩国、缅甸

生境：常绿阔叶林下、栎树林或针叶林下、路边草丛或岩石缝中

海拔：100—3200米

保育信息：濒危；国家保护Ⅱ级；CITES附录Ⅱ

摄影：刘冰

裂唇睫唇兰

Blepharoglossum fissilabre (Tang & F.T.Wang) L.Li

重要特征

附生草本。假鳞茎密集，卵形至卵状长圆形，顶端或近顶端具2叶。叶倒披针状长圆形、舌状长圆形或狭椭圆状长圆形；总状花序具10—30朵花；花绿色，但具红色唇瓣；萼片近长圆形；花瓣丝状；唇瓣近匙状长圆形。蒴果倒卵状椭圆形。花期11月，果期次年1—2月。

地理分布：海南
生境：生于林中或溪边树上、岩石上
海拔：约500米
保育信息：濒危；CITES附录Ⅱ
摄影：秦新生

睫唇兰

Blepharoglossum latifolium (Blume) L.Li

重要特征

地生或半附生草本，具肉质茎。叶近椭圆形或椭圆状长圆形，长达20厘米以上，宽5厘米以上，先端近渐尖，基部收狭成柄，有关节。总状花序具数十朵或更多的花；花紫红色至绿黄色，密集，较小；中萼片狭长圆形；侧萼片斜卵形；花瓣线形；唇瓣近宽卵形，凹陷，先端骤然收狭或近3裂。蒴果倒卵状椭圆形。

地理分布：海南；印度、泰国、马来西亚

生境：生于林下、灌丛中或溪谷旁荫蔽处的岩石上

海拔：2000米以下

保育信息：易危；CITES附录Ⅱ

摄影：吴冰

直唇卷瓣兰

Bulbophyllum delitescens Hance

重要特征

根状茎匍匐生根，常分枝。假鳞茎卵形，顶生1枚叶。叶长圆形或椭圆形。花葶从生有假鳞茎的根状茎节上发出，直立，常不高出叶外；伞形花序常具2—4朵花；花茄紫色；中萼片卵形，凹下呈舟状；侧萼片狭披针形，基部上方扭转而两侧萼片的上下侧边缘彼此粘合；花瓣镰状披针形；唇瓣肉质，舌状。花期4—11月。

地理分布： 福建、广东、海南、西藏、云南；印度、越南

生境： 生于山谷溪边岩石上和林中树干上

海拔： 1000—2000米

保育信息： 易危；曾被列为国家保护二批Ⅱ级；CITES附录Ⅱ

摄影： 秦新生

钻齿卷瓣兰

Bulbophyllum guttulatum (Hook.f.) N.P.Balakr.

重要特征

根状茎匍匐。假鳞茎近聚生，顶生1枚叶。叶革质。花葶从假鳞茎基部抽出，直立，伞形花序；花序柄疏生2—3枚鞘；花黄色带红色斑点；中萼片具5条主脉和多数横脉；侧萼片基部上方扭转而下侧边缘仅在基部彼此粘合；花瓣具3条脉；唇瓣拱形，基部扩大并与蕊柱足末端连接而形成活动关节。花期8月。

地理分布： 西藏；不丹、印度、尼泊尔、越南

生境： 山地阔叶林中树干上

海拔： 800—1800米

保育信息： 曾被列为国家保护二批Ⅱ级；CITES附录Ⅱ

摄影： 文冰

广东石豆兰

Bulbophyllum kwangtungense Schltr.

重要特征

根状茎在每相隔2—7厘米处生1个假鳞茎。根出自生有假鳞茎的根状茎节上。假鳞茎顶生1枚叶。叶革质。花葶从假鳞茎基部或靠近假鳞茎基部的根状茎节上发出，直立，总状花序缩短呈伞状，具2—4（—7）朵花；花淡黄色；萼片离生，具3条脉；侧萼片比中萼片稍长；花瓣仅中肋到达先端，边缘全缘；唇瓣肉质，狭披针形。花期5—8月。

地理分布： 福建、广东、广西、贵州、湖北、湖南、江西、云南、浙江

生境： 山坡林下岩石上

海拔： 800—1200米

保育信息： 曾被列为国家保护二批Ⅱ级；CITES附录Ⅱ

摄影： 刘冰

密花石豆兰

Bulbophyllum odoratissimum (Sm.) Lindl. ex Wall.

重要特征

根状茎每相距4—8厘米处生1个假鳞茎。根成束出自生有假鳞茎的节上。假鳞茎顶生1枚叶，幼时在基部被3—4枚鞘。叶革质，近无柄。花葶从假鳞茎基部发出；总状花序缩短呈伞状，密生10余朵花；花稍有香气，初时萼片和花瓣白色，以后萼片和花瓣的中部以上转变为橘黄色；萼片离生，质地较厚；中萼片具3条脉；侧萼片比中萼片长；花瓣白色；唇瓣橘红色，舌形。花期4—8月。

地理分布 福建、广东、广西、四川、西藏、云南；不丹、印度、老挝、缅甸、尼泊尔、泰国、越南

生境： 混交林中的树干上或山谷的岩石上

海拔： 200—2400米

保育信息： 曾被列为国家保护二批Ⅱ级；CITES附录Ⅱ

摄影： 刘冰

藓叶卷瓣兰

Bulbophyllum retusiusculum Rchb.f.

重要特征

根状茎匍匐。假鳞茎通常彼此分开，罕有近聚生的，大小变化较大，顶生1枚叶。叶革质，长圆形或卵状披针形，大小变化较大。花葶出自生有假鳞茎的根状茎节上，伞形花序具多数花；中萼片黄色带紫红色脉纹；侧萼片黄色；花瓣黄色带紫红色的脉；唇瓣肉质，舌形。花期9—12月。

地理分布： 甘肃、贵州、海南、湖北、湖南、四川、西藏、云南、台湾；不丹、印度、老挝、马来西亚、缅甸、尼泊尔、泰国、越南

生境： 生于林下的树干或岩石上

海拔： 500—2800米

保育信息： 曾被列为国家保护二批Ⅱ级；CITES附录Ⅱ

摄影： 刘冰

短足石豆兰

Bulbophyllum stenobulbon E.C.Parish & Rchb.f.

重要特征

根状茎每相距1.5—3厘米处生1个假鳞茎。假鳞茎直立，大小常有变化，顶生1枚叶。叶革质。花葶1—2个，从假鳞茎基部发出，细如发状；总状花序缩短呈伞状，常具2—4朵花。萼片和花瓣淡黄色，中部以上橘黄色；萼片离生，质地较厚；中萼片狭披针形；侧萼片狭披针形，比中萼片稍长；花瓣质地薄，卵形；唇瓣橘黄色，舌状或卵状披针形。花期5—6月。

地理分布：广东、贵州、云南；不丹、印度、老挝、缅甸、泰国、越南

生境：生于山地林中的树干上或林下的岩石上

海拔：1200—2100米

保育信息：易危；曾被列为国家保护二批Ⅱ级；CITES附录Ⅱ

摄影：刘冰

蜂腰兰

Bulleyia yunnanensis Schltr.

重要特征

假鳞茎干后金黄色，有光泽。叶2枚，近等长，线状披针形。总状花序具10余朵或更多的花，基部通常有2枚不育苞片；花初时包藏于花苞片内，开放后基部仍为残留的花苞片所包，以后花苞片逐渐脱落；花白色，唇瓣淡褐色，药帽红褐色；侧萼片互相靠合并多少呈囊状；花瓣近线形；唇瓣中部皱缩而多少呈提琴形。花期7—8月，果期10月。

地理分布： 云南；不丹、印度

生境： 生于林中的树干上或山谷旁的岩石上

海拔： 700—2700米

保育信息： 濒危；曾被列为国家保护二批Ⅱ级；CITES附录Ⅱ

摄影： 刘冰

泽泻虾脊兰

Calanthe alismatifolia Lindl.

重要特征

根状茎不明显。假鳞茎细圆柱形，具3—5枚叶。叶在花期全部展开，椭圆形至卵状椭圆形，形似泽泻叶。花葶1—2个，从叶腋抽出，直立，在花序之下具1—2枚鞘和苞片状的叶。总状花序具3至10余朵花；花白色，有时带浅紫堇色；萼片近似，近倒卵形；花瓣近菱形；唇瓣基部与整个蕊柱翅合生，比萼片大，3深裂。花期6—7月。

地理分布： 广西、贵州、湖北、湖南、四川、西藏、云南、浙江、台湾；不丹、印度、日本、越南

生境： 常绿阔叶林下

海拔： 700—2100米

保育信息： 曾被列为国家保护二批Ⅱ级；CITES附录Ⅱ

摄影： 刘冰

银带虾脊兰

Calanthe argenteostriata C.Z.Tang & S.J.Cheng

重要特征

植株无明显的根状茎。假鳞茎粗短，具2—3枚鞘和3—7枚在花期展开的叶。叶上面深绿色，带5—6条银灰色的条带，椭圆形或卵状披针形。花葶从叶丛中央抽出；总状花序长7—11厘米，具10余朵花；花张开，黄绿色；中萼片椭圆形；侧萼片宽卵状椭圆形；花瓣近匙形或倒卵形，比萼片稍小；唇瓣白色，与整个蕊柱翅合生，3裂。花期4—5月。

地理分布： 广东、广西、贵州、云南；越南

生境： 生于山坡林下的岩石空隙或覆土的石灰岩面上

海拔： 500—1200米

保育信息： 曾被列为国家保护二批Ⅱ级；CITES附录Ⅱ

摄影： 刘冰

剑叶虾脊兰

Calanthe davidii Franch.

重要特征

植株紧密聚生，无明显的假鳞茎和根状茎。假茎具数枚鞘和3—4枚叶。叶在花期全部展开，剑形或带状。花葶出自叶腋，直立；总状花序密生许多小花；花黄绿色、白色，有时带紫色；萼片和花瓣反折；唇瓣3裂。蒴果卵球形。花期6—7月，果期9—10月。

地理分布： 甘肃、贵州、湖北、湖南、陕西、四川、西藏、云南、台湾；印度、日本、尼泊尔、越南

生境： 山谷、溪边或林下

海拔： 500—3300米

保育信息： 曾被列为国家保护二批Ⅱ级；CITES附录Ⅱ

摄影： 刘冰

钩距虾脊兰

Calanthe graciliflora Hayata

重要特征

根状茎不明显。假鳞茎短，近卵球形，具3—4枚鞘和3—4枚叶。叶在花期尚未完全展开，椭圆形或椭圆状披针形。花葶出自假茎上端的叶丛间；总状花序疏生多数花；花张开；萼片和花瓣在背面褐色，内面淡黄色；中萼片近椭圆形；侧萼片近似于中萼片，但稍狭；花瓣倒卵状披针形；唇瓣浅白色，3裂。花期3—5月。

地理分布：安徽、福建、广东、广西、贵州、湖北、湖南、江西、四川、台湾、云南、浙江

生境：山谷溪边、林下等阴湿处

海拔：600—2400米

保育信息：曾被列为国家保护二批Ⅱ级；CITES附录Ⅱ

摄影：侯学良

长距虾脊兰

Calanthe masuca (D.Don) Lindl.

重要特征

无明显的根状茎。假鳞茎具3—6枚叶。叶在花期全部展开，椭圆形至倒卵形。花葶从叶丛中抽出，直立；总状花序疏生数朵花；花淡紫色，唇瓣常变成橘黄色；中萼片椭圆形；侧萼片长圆形；花瓣倒卵形或宽长圆形；唇瓣3裂；花粉团狭倒卵球形。花期4—9月。

地理分布： 广东、广西、湖南、西藏、云南、台湾、不丹、印度、印度尼西亚、日本、马来西亚、缅甸、尼泊尔、斯里兰卡、泰国、越南、非洲、马达加斯加

生境： 生于山坡林下或山谷河边等阴湿处

海拔： 800—2000米

保育信息： 曾被列为国家保护二批Ⅱ级；CITES附录Ⅱ

摄影： 刘冰

车前虾脊兰

Calanthe plantaginea Lindl.

重要特征

根状茎不明显。假鳞茎具4枚鞘和2—4枚叶。叶在花期尚未全部展开，椭圆形，两面无毛。花葶出自假茎上端；总状花序具多数花；花淡紫色或白色，下垂，具香气；中萼片卵状披针形；侧萼片比中萼片稍小，卵状披针形；花瓣长圆形，比萼片稍短；唇瓣近扇形，3裂。花期3—4月。

地理分布：西藏、云南；不丹、印度、克什米尔、尼泊尔

生境：山地常绿阔叶林下

海拔：1800—2500米

保育信息：易危；曾被列为国家保护二批Ⅱ级；CITES附录Ⅱ

摄影：刘冰

镰萼虾脊兰

Calanthe puberula Lindl.

重要特征

假鳞茎具3—4枚鞘和4—5枚叶。叶在花期全部展开，椭圆形或椭圆状长圆形。花葶1—2个，从茎上端抽出，直立；总状花序疏生少数至10余朵花；花粉红色；中萼片卵状披针形，背面被毛；侧萼片斜卵状披针形，与中萼片等大；花瓣线形；唇瓣3裂；花粉团棒状。花期7—8月。

地理分布：西藏、云南；不丹、印度、日本、尼泊尔、越南

生境：常绿阔叶林下

海拔：1200—3000米

保育信息：曾被列为国家重点保护二批Ⅱ级；CITES附录Ⅱ

摄影：刘冰

中华虾脊兰

Calanthe sinica Z.H.Tsi

重要特征

根状茎短或不明显。假鳞茎常具4枚叶。叶在花期全部展开，椭圆形。花葶从叶丛中抽出，直立；总状花序疏生约10朵花；花紫红色；萼片近等大，椭圆形；花瓣椭圆形；唇瓣3裂；距长棒状；蕊柱粗短；蕊喙2裂。花期7—8月。

地理分布： 云南

生境： 常绿阔叶林下

海拔： 约1100米

保育信息： 濒危；曾被列为国家保护二批Ⅱ级；CITES附录Ⅱ

摄影： 刘冰

三褶虾脊兰

Calanthe triplicata (Willemet) Ames

重要特征

根状茎不明显。假鳞茎卵状圆柱形，具2—3枚鞘和3—4枚叶。叶椭圆形或椭圆状披针形。花葶从叶丛中抽出，直立；总状花序密生许多花；花白色，偶见淡紫红色，后转为橘黄色；萼片和花瓣常反折；中萼片近椭圆形；侧萼片稍斜的倒卵状披针形；花瓣倒卵状披针形；唇瓣基部具3—4列金黄色或橘红色小瘤状附属物，3深裂。花期4—5月。

地理分布： 福建、广东、广西、海南、云南、香港、台湾；不丹、柬埔寨、印度、印度尼西亚、日本、老挝、马来西亚、菲律宾、斯里兰卡、越南、澳大利亚、马达加斯加、太平洋岛屿

生境： 常绿阔叶林下

海拔： 700—2400米

保育信息： 曾被列为国家保护二批Ⅱ级；CITES附录Ⅱ

摄影： 刘冰

银兰

Cephalanthera erecta (Thunb.) Blume

重要特征

地生草本。茎纤细，直立，下部具2—4枚鞘，中部以上具2—4（—5）枚叶。叶片椭圆形至卵状披针形。总状花序具3—10朵花；花白色；萼片长圆状椭圆形；花瓣与萼片相似，但稍短；唇瓣3裂，基部有距。蒴果狭椭圆形或宽圆筒形。花期4—6月，果期8—9月。

地理分布： 安徽、福建、甘肃、广东、广西、贵州、湖北、江西、陕西、四川、云南、浙江、台湾；日本、韩国

生境： 生于林下、灌丛中或沟边土层厚且有一定阳光处

海拔： 800—2300米

保育信息： 曾被列为国家保护二批Ⅱ级；CITES附录Ⅱ

摄影： 刘冰

头蕊兰

Cephalanthera longifolia (L.) Fritsch

重要特征

地生草本。茎直立，下部具3—5枚排列疏松的鞘。叶4—7枚，叶片披针形、宽披针形或长圆状披针形。总状花序具2—13朵花；花白色，稍开放或不开放；萼片狭菱状椭圆形或狭椭圆状披针形；花瓣近倒卵形；唇瓣3裂，基部具囊。蒴果椭圆形。花期5—6月，果期9—10月。

地理分布：甘肃、河南、湖北、陕西、山西、四川、西藏、云南；不丹、印度、克什米尔、缅甸、尼泊尔、巴基斯坦、非洲至欧洲

生境：林下、灌丛中、沟边或草丛中

海拔：1000—3600米

保育信息：曾被列为国家保护二批Ⅱ级；CITES附录Ⅱ

摄影：刘冰

川滇叠鞘兰

Chamaegastrodia inverta (W.W.Sm.) Seidenf.

重要特征

根粗壮，短，肥厚，肉质，排生于长的根状茎上。茎较粗壮，具密集褐黄色膜质的鞘状鳞片。总状花序具几朵至10余朵花；花带橙黄色；中萼片狭长圆形；侧萼片偏斜，镰状卵形；花瓣线形至线状披针形、镰状，与中萼片粘合呈兜状；唇瓣轮廓T字形，基部稍扩大并凹陷呈囊；柱头2个，隆起，位于蕊喙基部两侧。花期7—8月。

地理分布： 四川、云南

生境： 生于山坡或沟谷林下阴湿处

海拔： 1200—2600米

保育信息： 易危；曾被列为国家保护二批Ⅱ级；CITES附录Ⅱ

摄影： 刘冰

中华叉柱兰

Cheirostylis chinensis Rolfe

重要特征

根状茎匍匐，肉质，呈毛虫状。茎具2—4枚叶。叶片卵形至阔卵形。花茎直立，顶生，被毛，具3—4枚鞘状苞片；总状花序具2—5朵花；花小；萼片膜质，近中部合生成筒状；花瓣白色，膜质，偏斜，弯曲，呈镰刀状；唇瓣白色，基部稍扩大，囊状。花期1—3月。

地理分布： 广西、贵州、海南、台湾；缅甸、菲律宾、越南

生境： 生于山坡或溪旁林下的潮湿石上覆土中或地上

海拔： 200—800米

保育信息： 曾被列为国家保护二批Ⅱ级；CITES附录Ⅱ

摄影： 秦新生

异型兰

Chiloschista yunnanensis Schltr.

重要特征

茎不明显，通常无叶，至少在花期时无叶。花序1—2个，下垂，不分枝，密布绒毛，绿色带紫色斑点；花序轴疏生多数花；花序柄被数枚膜质鳞片状鞘；花质地稍厚，萼片和花瓣茶色或淡褐色，除基部外周边为浅白色；唇瓣黄色，贴生于蕊柱足末端，3裂。蒴果圆柱形，稍弧形弯曲。花期3—5月，果期7月。

地理分布：四川、云南

生境：生于山地林缘或疏林中树干上

海拔：700—2000米

保育信息：曾被列为国家保护二批Ⅱ级；CITES附录Ⅱ

摄影：刘冰

尖喙隔距兰

Cleisostoma rostratum (Lindl.) Garay

重要特征

茎伸长，具多节。叶二列，狭披针形。花序对生于叶，出自茎上部，不分枝；总状花序疏生许多花；花开展，萼片和花瓣黄绿色带紫红色条纹；中萼片近椭圆形，舟状；侧萼片稍斜倒卵形；花瓣近长圆形；唇瓣紫红色，3裂。花期7—8月。

地理分布：广西、贵州、海南、云南、香港；柬埔寨、老挝、泰国、越南

生境：生于常绿阔叶林中的树干上、石灰山的灌木林树枝上和阴湿岩石上

海拔：300—1800米

保育信息：曾被列为国家保护二至Ⅱ级；CITES附录Ⅱ

摄影：秦新生

眼斑贝母兰

Coelogyne corymbosa Lindl.

重要特征

根状茎较坚硬，密被褐色鳞片状鞘。假鳞茎较密集，顶端生2枚叶，基部具数枚鞘。叶长圆状倒披针形至倒卵状长圆形。花葶连同幼嫩假鳞茎和叶从靠近老假鳞茎基部的根状茎上发出；总状花序具2—3（—4）朵花；花白色或稍带黄绿色，但唇瓣上有4个黄色并围以橙红色的眼斑。蒴果近倒卵形，略带三棱。花期5—7月，果期次年7—11月。

地理分布：西藏、云南；不丹、印度、缅甸、尼泊尔

生境：林缘树干上或湿润岩壁上

海拔：1300—3500米

保育信息：曾被列为国家保护二批Ⅱ级；CITES附录Ⅱ

摄影：刘冰

白花贝母兰

Coelogyne leucantha W. W. Sm.

重要特征

根状茎坚硬，具较短节间，密被有光泽的鳞片状鞘。假鳞茎较密集，顶端生2枚叶，基部具数枚鞘。叶倒披针形至长圆状披针形。花葶从已长成的假鳞茎顶端两叶中央发出；总状花序具3—11朵花；花白色，仅唇瓣上略有黄斑。蒴果倒卵状长圆形，具3棱。花期5—7月，果期9—12月。

地理分布： 四川、云南；缅甸

生境： 生于林中树干上或河谷旁岩石上

海拔： 1500—2600米

保育信息： 易危；曾被列为国家保护二批Ⅱ级；CITES附录Ⅱ

摄影： 刘冰

卵叶贝母兰

Coelogyne occultata Hook.f.

重要特征

根状茎较粗壮，密被褐色鳞片状鞘。假鳞茎在根状茎上常多少斜卧，顶端生2枚叶，基部具1—2枚卵形鞘。叶卵形或卵状椭圆形，革质。花葶连同幼嫩的假鳞茎和叶从靠近老假鳞茎基部的根状茎上发出；总状花序通常具2—3朵花，较少减退为单花；花白色，但唇瓣上具紫色脉纹和棕黄色眼斑。蒴果近长圆形。花期6—7月，果期11月。

地理分布：西藏、云南；不丹、印度、缅甸

生境：生于林中树干上或沟谷旁岩石上

海拔：1300—3000米

保育信息：曾被列为国家保护二批Ⅱ级；CITES附录Ⅱ

摄影：刘冰

台湾吻兰

Collabium formosanum Hayata

重要特征

假鳞茎疏生于根状茎上，被鞘。叶厚纸质，卵状披针形或长圆状披针形。总状花序疏生4—9朵花；萼片和花瓣绿色，先端内面具红色斑点；中萼片狭长圆状披针形；侧萼片镰刀状长披针形；花瓣相似于侧萼片；唇瓣近圆形。花期5—9月。

地理分布： 台湾；越南

生境： 山坡密林下或沟谷林下岩石边

海拔： 1000—2000米

保育信息： 曾列为国家保护二批Ⅱ级；CITES附录Ⅱ

摄影： 刘冰

鞍唇沼兰

Crepidium matsudae (Yamam.) Szlach.

重要特征

地生草本，有肉质茎。肉质茎紫绿色。叶4—5枚。总状花序具10余朵花；花未开放时绿色，开放后紫绿色；中萼片卵状椭圆形，两侧边缘外卷；侧萼片略宽于中萼片；花瓣线形；唇瓣位于上方，先端2浅裂。花期6—7月。

地理分布：台湾；日本

生境：林下，尤以竹林中为多见

海拔：1000—1500米

保育信息：CITES附录Ⅱ

摄影：刘冰

深裂沼兰

Crepidium purpureum (Lindl.) Szlach.

重要特征

地生草本，具肉质茎。肉质茎具数节，包藏于叶鞘之内。叶通常3—4枚，斜卵形或长圆形；总状花序具10—30朵或更多的花；花红色或偶见浅黄色；中萼片近长圆形；侧萼片宽长圆形；花瓣狭线形；唇瓣位于上方。花期6—7月。

地理分布： 广西、四川、云南；印度、菲律宾、斯里兰卡、泰国、越南

生境： 林下或灌丛中潮湿处

海拔： 400—1800米

保育信息： 曾被列为国家保护二批Ⅱ级；CITES附录Ⅱ

摄影： 刘冰

宿苞兰

Cryptochilus luteus Lindl.

重要特征

假鳞茎聚生于短的根状茎上，外被数枚鞘。叶通常2枚，生于假鳞茎顶端，狭长圆形至近倒披针状长圆形。花葶从幼嫩的假鳞茎顶端两枚叶片中央发出，偶见分枝；总状花序密生20—40朵花；花黄绿色或黄色；萼片合生成的萼筒近坛状。花期6—7月，果期9—10月。

地理分布：云南；不丹、印度、越南

生境：密林中或林缘的树上或石隙上

海拔：1000—2300米

保育信息：曾被列为国家保护二批Ⅱ级；CITES附录Ⅱ

摄影：刘冰

玫瑰宿苞兰

Cryptochilus roseus (Lindl.) S.C.Chen & J.J.Wood

重要特征

根状茎粗壮；假鳞茎密集，顶端着生1枚叶。叶厚革质，披针形或长圆状披针形。花序从假鳞茎顶端发出，与叶近等长，中上部疏生2—5朵花；花白色或淡红色；中萼片卵状长圆形；侧萼片三角状披针形；花瓣近菱形；唇瓣轮廓为倒卵状椭圆形或近卵形，3裂。蒴果圆柱形。花期1—2月，果期3—4月。

地理分布： 海南、香港

生境： 生于密林中，附生于树干或岩石上

海拔： 约1300米

保育信息： 濒危；曾被列为国家保护二级Ⅱ级；CITES附录Ⅱ

摄影： 秦新生

纹瓣兰

Cymbidium aloifolium (L.) Sw.

重要特征

附生植物；假鳞茎卵球形，通常包藏于叶基之内。叶4—5枚，带形，厚革质，坚挺。花葶从假鳞茎基部穿鞘而出，下垂；总状花序具20—35朵花；花略小，稍有香气；萼片与花瓣淡黄色至奶油黄色，中央有1条栗褐色宽带和若干条纹，唇瓣白色或奶油黄色而密生栗褐色纵纹。蒴果长圆状椭圆形。花期4—5月，果期8月。

地理分布： 广东、广西、贵州、云南；孟加拉国、柬埔寨、印度、印度尼西亚、老挝、马来西亚、缅甸、尼泊尔、斯里兰卡、泰国、越南

生境： 生于疏林中或灌木丛中的树上或溪谷旁岩壁上

海拔： 100—1100米

保育信息： 国家保护Ⅱ级；CITES附录Ⅱ

摄影： 刘冰

独占春

Cymbidium eburneum Lindl.

重要特征

附生植物；假鳞茎近梭形或卵形。叶6—11（—17）枚。花葶从假鳞茎下部叶腋发出，直立或近直立；总状花序具1—2（—3）朵花；花较大，不完全开放，稍有香气；萼片与花瓣白色，有时略有粉红色晕，唇瓣亦白色，中裂片中央至基部有一黄色斑块，偶见紫粉红色斑点。蒴果近椭圆形。花期2—5月。

地理分布：广西、海南、云南；印度、缅甸、尼泊尔、越南

生境：溪谷旁的岩石上

海拔：300—2000米

保育信息：濒危；极小种群；国家保护Ⅱ级；CITES附录Ⅱ

摄影：刘冰

建兰

Cymbidium ensifolium (L.) Sw.

重要特征

地生植物；假鳞茎卵球形。叶2—4（—6）枚，带形。花葶从假鳞茎基部发出，直立；总状花序具3—9（—13）朵花；花常有香气，色泽变化较大，通常为浅黄绿色而具紫斑；萼片近狭长圆形；侧萼片常向下斜展；花瓣狭椭圆形；唇瓣近卵形，略3裂。蒴果狭椭圆形。花期通常为6—10月，果期12月至翌年1月。

地理分布： 安徽、福建、广东、广西、贵州、海南、湖北、湖南、江西、四川、台湾、西藏、云南、浙江；柬埔寨、印度、印度尼西亚、日本、老挝、马来西亚、巴布亚新几内亚、菲律宾、斯里兰卡、泰国、越南

生境： 疏林下、灌丛中、山谷旁或草丛中

海拔： 600—1800米

保育信息： 易危；国家保护Ⅱ级；CITES附录Ⅱ

摄影： 刘冰

长叶兰

Cymbidium erythraeum Lindl.

重要特征

附生或石生植物；假鳞茎卵球形。叶5—11枚，二列，带形。花葶较纤细；总状花序具3—7朵或更多的花；花有香气；萼片与花瓣均为绿色，但由于有红褐色脉和不规则斑点而呈红褐色，唇瓣淡黄色至白色，侧裂片上有红褐色脉，中裂片上有少量红褐色斑点和1条中央纵线。蒴果梭状椭圆形。花期10月至次年1月，果期3—5月。

地理分布： 贵州、四川、西藏、云南；不丹、印度、缅甸、尼泊尔、越南

生境： 林中或林缘的树上或岩石上

海拔： 1400—2800米

保育信息： 易危；国家保护Ⅱ级；CITES附录Ⅱ

摄影： 刘冰

多花兰

Cymbidium floribundum Lindl.

重要特征

附生植物；假鳞茎近卵球形稍压扁，被叶基包裹。叶通常5—6枚，带形。花葶自假鳞茎基部穿鞘而出，近直立或外弯；花序通常具10—40朵花；花较密集，一般无香气；萼片与花瓣红褐色或偶见绿黄色，极罕灰褐色，唇瓣白色而在侧裂片与中裂片上有紫红色斑，褶片黄色。蒴果近长圆形。花期4—8月，果期10—12月。

地理分布： 福建、广东、广西、贵州、湖北、湖南、江西、四川、西藏、云南、浙江、台湾；越南

生境： 生于林中或林缘树上，溪谷旁透光的岩石上或岩壁上

海拔： 100—3300米

保育信息： 易危；国家保护Ⅱ级；CITES附录Ⅱ

摄影： 侯学良

春兰

Cymbidium goeringii (Rchb.f.) Rchb.f.

重要特征

地生植物；假鳞茎较小，卵球形。叶4—7枚，带形。花葶从假鳞茎基部外侧叶腋中抽出，直立，明显短于叶；花序具单朵花；花色泽变化较大，通常为绿色或淡褐黄色而有紫褐色脉纹，有香气。蒴果狭椭圆形。花期1—3月。

地理分布：安徽、福建、甘肃、广东、广西、贵州、河南、湖北、湖南、江苏、江西、陕西、四川、云南、浙江、台湾；不丹、印度、日本、韩国

生境：多石山坡、林缘、林中透光处

海拔：300—2200（—3000）米

保育信息：易危；国家保护Ⅱ级；CITES附录Ⅱ

摄影：刘冰

寒兰

Cymbidium kanran Makino

重要特征

地生植物；假鳞茎狭卵球形。叶3—5（—7）枚，带形。花葶发自假鳞茎基部，直立；总状花序疏生5—12朵花；花常为淡黄绿色而具淡黄色唇瓣，也有其他色泽，常有浓烈香气。蒴果狭椭圆形。花期8—12月。

地理分布： 安徽、福建、广东、广西、贵州、海南、湖南、江西、四川、西藏、云南、浙江、台湾；日本、韩国

生境： 生于林下、溪谷旁或稍荫蔽、湿润、多石之土壤上

海拔： 400—2400米

保育信息： 易危；国家保护Ⅱ级；CITES附录Ⅱ

摄影： 刘冰

兔耳兰

Cymbidium lancifolium Hook.

重要特征

半附生植物；假鳞茎近扁圆柱形或狭梭形，有节，多少裸露，顶端聚生2—4枚叶。叶倒披针状长圆形。花葶从假鳞茎下部侧面节上发出，直立；花序具2—6朵花，较少减退为单花或具更多的花；花通常白色至淡绿色。蒴果狭椭圆形。花期5—8月，果期10—12月。

地理分布： 福建、广东、广西、贵州、海南、湖南、四川、西藏、云南、浙江、台湾；不丹、柬埔寨、印度、印度尼西亚、日本、老挝、马来西亚、缅甸、尼泊尔、巴布亚新几内亚、泰国、越南

生境： 疏林下、竹林下、林缘、阔叶林下或溪谷旁的岩石上、树上或地上

海拔： 300—2200米

保育信息： 国家保护Ⅱ级；CITES附录Ⅱ

摄影： 刘冰

碧玉兰

Cymbidium lowianum (Rchb.f.) Rchb.f.

重要特征

附生植物；假鳞茎狭椭圆形，略压扁。叶5—7枚，带形。花葶从假鳞茎基部穿鞘而出；总状花序具10—20朵或更多的花；花直无香气；萼片和花瓣苹果绿色或黄绿色，有红褐色纵脉，唇瓣淡黄色，中裂片上有深红色的锚形斑（或V形斑及1条中线）。花期4—5月。

地理分布：云南；缅甸、泰国、越南

生境：生于林中树上或溪谷旁岩壁上

海拔：1300—1900米

保育信息：濒危；国家保护Ⅱ级；CITES附录Ⅱ

摄影：刘冰

大根兰

Cymbidium macrorhizon Lindl.

重要特征

腐生植物，无绿叶，亦无假鳞茎，地下有根状茎；根状茎肉质，白色，斜生或近直立，常分枝。花葶直立，紫红色；总状花序具2—5朵花；花白色带黄色至淡黄色，萼片与花瓣常有1条紫红色纵带，唇瓣上有紫红色斑。花期6—8月。

地理分布：重庆、贵州、四川、云南；尼泊尔、巴基斯坦、印度、缅甸、越南、老挝、泰国、日本

生境：河边林下、马尾松林缘或开旷山坡上

海拔：700—1500米

保育信息：国家保护Ⅱ级；CITES附录Ⅱ

摄影：刘冰

墨兰

Cymbidium sinense (Jacks. ex Andr.) Willd.

重要特征

地生植物；假鳞茎卵球形。叶3—5枚，带形。花葶从假鳞茎基部发出，直立，一般略长于叶；总状花序具10—20朵或更多的花；花的色泽变化较大，较常为暗紫色或紫褐色而具浅色唇瓣，也有黄绿色、桃红色或白色的，一般有较浓的香气。蒴果狭椭圆形。花期（10—）11月至翌年3月，果期12月至翌年5月。

地理分布：安徽、福建、广东、广西、贵州、海南、江西、四川、云南、香港、台湾；印度、日本、缅甸、泰国、越南

生境：林下、灌木林中或溪谷旁湿润但排水良好的荫蔽处

海拔：300—2000米

保育信息：易危；国家保护Ⅱ级；CITES附录Ⅱ

摄影：刘冰

西藏虎头兰

Cymbidium tracyanum L. Castle

重要特征

植株附生，自养。假鳞茎椭圆状卵形至长圆状卵形。叶5—8或更多，带形。花葶从假鳞茎基部伸出，具鞘。花芳香，萼片和花瓣黄绿色至橄榄绿，具不规则的深红褐色纹理和斑点；唇瓣浅黄色至乳黄色。蒴果椭圆形。花期9—12月，果期次年2—3月。

地理分布：贵州、西藏、云南；缅甸、泰国、越南

生境：生于林中大树干上或树杈上，也见于溪谷旁岩石上

海拔：1200—1900米

保育信息：国家保护Ⅱ级，CITES附录Ⅱ

摄影：刘冰

紫点杓兰

Cypripedium guttatum Sw.

重要特征

植株具细长而横走的根状茎。茎直立，顶端具叶。叶2枚，极罕3枚，常对生或近对生，偶见互生；叶片椭圆形、卵形或卵状披针形。花序顶生，具1花；花白色，具淡紫红色或淡褐红色斑；中萼片卵状椭圆形或宽卵状椭圆形；合萼片狭椭圆形，先端2浅裂；花瓣常近匙形或提琴形；唇瓣深囊状，钵形或深碗状，多少近球形。蒴果近狭椭圆形，下垂。花期5—7月，果期8—9月。

地理分布：河北、黑龙江、吉林、辽宁、内蒙古、宁夏、陕西、山东、山西、四川、西藏、云南；不丹、韩国、俄罗斯、欧洲、北美

生境：林下、灌丛中或草地上

海拔：500—4000米

保育信息：近危；国家保护Ⅱ级；CITES附录Ⅱ

摄影：刘冰

大花杓兰

Cypripedium macranthos Sw.

重要特征

植株具粗短的根状茎。茎直立，基部具数枚鞘，鞘上方具3—4枚叶。叶片椭圆形。花序顶生，具1花，极罕2花；花大，紫色、红色或粉红色，通常有暗色脉纹，极罕白色；合萼片卵形，先端2浅裂；唇瓣深囊状。蒴果狭椭圆形。花期6—7月，果期8—9月。

地理分布：黑龙江、吉林、辽宁、内蒙古、河北、山东、台湾；日本、朝鲜、俄罗斯

生境：林下、林缘或草坡上腐殖质丰富和排水良好之地

海拔：400—2400米

保育信息：濒危；国家保护Ⅱ级；CITES附录Ⅱ

摄影 刘冰

凹舌兰

Dactylorhiza viridis (L.) R.M.Bateman, Pridgeon & M.W.Chase

重要特征

块茎肉质，前部呈掌状分裂。茎直立，基部具2—3枚筒状鞘，鞘之上具叶，叶之上常具1至数枚苞片状小叶。叶常3—4（—5）枚。总状花序具多数花；花绿黄色或绿棕色，直立伸展；萼片基部常稍合生；花瓣直立，线状披针形；唇瓣下垂，肉质，基部具囊状距。蒴果直立，椭圆形，无毛。花期（5—）6—8月。果期9—10月。

地理分布：黑龙江、吉林、辽宁、内蒙古、河北、山西、陕西、宁夏、甘肃、青海、新疆、河南、湖北、四川、云南、西藏、台湾；欧洲、俄罗斯、朝鲜半岛、日本、尼泊尔、不丹、美洲、欧洲

生境：山坡林下，灌丛下或山谷林缘湿地

海拔：1200—4300米

保育信息：曾被列为国家保护二批Ⅱ级；CITES附录Ⅱ

摄影：刘冰

剑叶石斛

Dendrobium spatella Rchb.f

重要特征

茎直立，近木质，扁三棱形，不分枝。叶二列，稍疏松地套迭或互生。花序侧生于无叶的茎上部，具1—2朵花；花很小，白色；中萼片近卵形；侧萼片斜卵状三角形，萼囊狭窄；花瓣长圆形；唇瓣白色带微红色。蒴果椭圆形。花期3—9月。

地理分布：福建、海南、广西、云南、香港；印度、缅甸、老挝、越南、柬埔寨、泰国

生境：生于山地林缘树干上和林下岩石上

海拔：200—300米

保育信息：国家保护Ⅱ级 CITES附录Ⅱ

摄影：秦新生

钩状石斛

Dendrobium aduncum Lindl.

重要特征

附生植物，茎下垂，不分枝。叶长圆形。总状花序通常数个，出自落了叶或具叶的老茎上部，疏生1—6朵花；花开展，萼片和花瓣淡粉红色；中萼片长圆状披针形；侧萼片斜卵状三角形；萼囊明显坛状；花瓣长圆形；唇瓣白色，朝上，凹陷呈舟状。花期5—6月。

地理分布： 广东、广西、贵州、海南、湖南、云南；不丹、印度、缅甸、泰国、越南

生境： 山地林中树干上

海拔： 700—1000米

保育信息： 易危；国家保护Ⅱ级；CITES附录Ⅱ

摄影： 秦新生

兜唇石斛

Dendrobium aphyllum (Roxb.) C.E.C.Fisch.

重要特征

附生植物，茎下垂，肉质，不分枝，具多数节。叶纸质，二列互生于整个茎上，披针形。总状花序几乎无花序轴，每1—3朵花为一束，从落了叶或具叶的老茎上发出；花开展，下垂；萼片和花瓣白色带淡紫红色或浅紫红色的上部，有时全体淡紫红色。蒴果狭倒卵形。花期3—4月，果期6—7月。

地理分布： 广西、贵州、云南；印度、尼泊尔、不丹、缅甸、老挝、越南、马来西亚

生境： 生于疏林中的树干上或山谷岩石上

海拔： 400—1500米

保育信息： 国家保护Ⅱ级；CITES附录Ⅱ

摄影： 刘冰

叠鞘石斛

Dendrobium denneanum Kerr

重要特征

附生植物，茎不分枝，粗壮，具多数节。叶革质，宽线形或狭长圆形。总状花序侧生于去年生落了叶的茎上端；花橘黄色，开展；中萼片长圆状椭圆形；侧萼片长圆形，等长于中萼片而稍较狭；萼囊圆锥形；花瓣椭圆形或宽椭圆状倒卵形；唇瓣近圆形，上面具一个大的紫色斑块。

地理分布： 海南、广西、贵州、云南；印度、尼泊尔、不丹、缅甸、泰国、老挝、越南

生境： 山地疏林中的树干上

海拔： 600—2500米

保育信息： 国家保护Ⅱ级；CITES附录Ⅱ

摄影： 刘冰

束花石斛

Dendrobium chrysanthum Wall. ex Lindl.

重要特征

附生植物，茎粗厚，肉质，下垂或弯垂。叶二列，互生于整个茎上，长圆状披针形。伞状花序近无花序柄，每2—6花为一束，侧生于具叶的茎上部。花黄色，质地厚。蒴果长圆柱形。花期9—10月。

地理分布： 广西、贵州、西藏、云南；不丹、印度、老挝、缅甸、尼泊尔、泰国、越南

生境： 生于山地密林中树干上或山谷阴湿的岩石上

海拔： 700—2500米

保育信息： 易危；国家保护Ⅱ级；CITES附录Ⅱ

摄影： 刘冰

鼓槌石斛

Dendrobium chrysotoxum Lindl.

重要特征

附生植物，茎直立，肉质，纺锤形，近顶端具2—5枚叶。叶革质，长圆形。总状花序近茎顶端发出，斜出或稍下垂，疏生多数花；花序柄基部具4—5枚鞘；花质地厚，金黄色，稍带香气；唇瓣的颜色比萼片和花瓣深。花期3—5月。

地理分布：云南；印度、老挝、缅甸、泰国、越南

生境：生于阳光充足的常绿阔叶林中的树干上或疏林下的岩石上

海拔：500—1600米

保育信息：易危；国家保护Ⅱ级；CITES附录Ⅱ

摄影：刘冰

密花石斛

Dendrobium densiflorum Lindl.

重要特征

附生植物。茎粗壮，通常棒状或纺锤形，不分枝。叶常3—4枚，近顶生，长圆状披针形，革质。花序近顶生，下垂，密生许多花；苞片阔长圆状或倒卵形。花开展，萼片和花瓣淡黄色，唇瓣金黄色。花期4—5月。

地理分布：广东、广西、海南、西藏；不丹、印度、缅甸、尼泊尔、泰国

生境：生于常绿阔叶林中树干上或山谷岩石上

海拔：400—1000米

保育信息：易危；国家保护Ⅱ级；CITES附录Ⅱ

摄影：秦新生

海南石斛

Dendrobium hainanense Rolfe

重要特征

附生植物，茎质地硬，不分枝。叶厚肉质。花小、白色，单生于落了叶的茎上部；中萼片卵形；侧萼片卵状三角形，基部十分歪斜；萼囊弯曲向前；花瓣狭长圆形；唇瓣倒卵状三角形，先端凹缺。花期通常9—10月。

地理分布： 海南；泰国、越南

生境： 生于山地阔叶林中的树干上

海拔： 1000—1700米

保育信息： 易危；极小种群；国家保护Ⅱ级；CITES附录Ⅱ

摄影： 秦新生；王青隆

细叶石斛

Dendrobium hancockii Rolfe

重要特征

茎直立，质地较硬，圆柱形，有时基部上方有数个节间膨大而形成纺锤形，通常分枝。叶通常3—6枚，互生于主茎和分枝的上部。总状花序具1—2朵花；花质地厚，稍具香气，开展，金黄色，仅唇瓣侧裂片内侧具少数红色条纹。花期5—6月。

地理分布：甘肃、广西、贵州、河南、湖北、湖南、陕西、四川、云南；越南

生境：生于山地林中的树干上或山谷岩石上

海拔：700—1500米

保育信息：濒危；国家保护Ⅱ级；CITES附录Ⅱ

摄影：刘冰

疏花石斛

Dendrobium henryi Schltr.

重要特征

茎斜立或下垂，不分枝，具多节。叶纸质，二列，长圆形。总状花序出自具叶的老茎中部，具1—2朵花；花金黄色，质地薄，芳香；中萼片卵状长圆形；侧萼片卵状披针形；花瓣比萼片稍短，但较宽；唇瓣近圆形。花期6—9月。

地理分布： 广西、贵州、湖南、云南；泰国、越南

生境： 生于山地林中的树干上或山谷阴湿的岩石上

海拔： 600—1700米

保育信息： 国家保护Ⅱ级；CITES附录Ⅱ

摄影： 刘冰

重唇石斛

Dendrobium hercoglossum Rchb.f.

重要特征

茎下垂，圆柱形，有时从基部上方逐渐变粗。叶狭长圆形。总状花序通常数个，从落了叶的老茎上发出，常具2—3朵花；花开展，萼片和花瓣淡粉红色；中萼片卵状长圆形；侧萼片稍斜卵状披针形，与中萼片等大；花瓣倒卵形至长圆形；唇瓣白色。花期5—6月。

地理分布：安徽、广东、广西、贵州、海南、湖南、江西、云南；老挝、马来西亚、泰国、越南

生境：生于山地密林中的树干上和山谷湿润的岩石上

海拔：500—1300米

保育信息：国家保护Ⅱ级；CITES附录Ⅱ

摄影：刘冰

聚石斛

Dendrobium lindleyi Steud.

重要特征

茎假鳞茎状，密集或丛生，多少两侧压扁状，纺锤形，顶生1枚叶。叶革质，长圆形。总状花序从茎上端发出，远比茎长，疏生数朵至10余朵花；花橘黄色；中萼片卵状披针形；侧萼片与中萼片近等大；萼囊近球形；花瓣宽椭圆形；唇瓣横长圆形。花期4—5月。

地理分布： 广东、广西、贵州、海南；不丹、印度、老挝、缅甸、泰国、越南

生境： 阳光充裕的疏林中的树干上

海拔： 1000米以下

保育信息： 国家保护Ⅱ级；CITES附录Ⅱ

摄影： 刘冰

长距石斛

Dendrobium longicornu Lindl.

重要特征

茎丛生，质地稍硬，不分枝，具多个节。叶狭披针形。总状花序从具叶的近茎端发出，具1—3朵花；花开展，除唇盘中央橘黄色外，其余为白色；中萼片卵形；侧萼片斜卵状三角形；萼囊狭长；花瓣长圆形或披针形；唇瓣菱形，前端近3裂。花期9—11月。

地理分布： 广西、西藏、云南；不丹、印度、缅甸、尼泊尔、越南

生境： 生于山地林中的树干上

海拔： 1200—2500米

保育信息： 濒危；国家保护Ⅱ级；CITES附录Ⅱ

摄影： 刘冰

细茎石斛

Dendrobium moniliforme (L.) Sw.

重要特征

茎直立，细圆柱形。叶二列，常互生于茎的中部以上，披针形；总状花序2至数个，生于茎中部以上具叶和落了叶的老茎上，通常具1—3花；花黄绿色、白色或白色带淡紫红色，有时芳香；萼片和花瓣相似，卵状长圆形；萼囊圆锥形；花瓣通常比萼片稍宽；唇瓣白色、淡黄绿色或绿白色，带淡褐色或紫红色至浅黄色斑块。花期通常3—5月。

地理分布：安徽、福建、甘肃、广东、广西、贵州、河南、湖南、江西、陕西、四川、云南、浙江、台湾；不丹、印度、日本、韩国、缅甸、尼泊尔、越南

生境：生于阔叶林中的树干上或山谷岩壁上

海拔：600—3000米

保育信息：国家保护Ⅱ级；CITES附录Ⅱ

摄影：刘冰

铁皮石斛

Dendrobium officinale Kimura & Migo

重要特征

茎直立不分枝，具多节，常在中部以上互生3—5枚叶；叶二列，纸质，长圆状披针形。总状花序常从落了叶的老茎上部发出，具2—3朵花；萼片和花瓣黄绿色，近相似，长圆状披针形；萼囊圆锥形；唇瓣白色，基部具1个椭圆形的胼胝体。花期3—6月。

地理分布：安徽、浙江、福建、广西、四川、云南

生境：生于山地半阴湿的岩石上

海拔：约1600米

保育信息：国家保护Ⅱ级；CITES附录Ⅱ；《国家重点保护野生药材物种名录》Ⅲ级

摄影：刘冰

球花石斛

Dendrobium thyrsiflorum B.S. William

重要特征

茎直立或斜立，不分枝，有数条纵棱。叶3—4枚互生于茎的上端，革质，长圆形。总状花序侧生于带有叶的老茎上端，下垂，密生许多花；花开展，质地薄，萼片和花瓣白色；唇瓣金黄色。花期4—5月。

地理分布：云南；印度、老挝、缅甸、泰国、越南
生境：生于山地林中的树干上
海拔：1100—1800米
保育信息：国家保护Ⅱ级；CITES附录Ⅱ
摄影：刘冰

合柱兰

Diplomeris pulchella D. Don

重要特征

块茎肉质，不裂。叶通常2枚，基生，1枚大，另1枚小很多，叶片剑形或线状披针形。花1（—2）朵，大，生于茎的顶端，白色；萼片长圆状披针形，张开；花瓣张开，较萼片大很多，宽倒卵形或卵状长圆形；唇瓣张开，宽倒心形；距细。花期7—9月。

地理分布：贵州、四川、西藏、云南；印度、缅甸、越南

生境：山坡林下草地

海拔：600—2600米

保育信息：易危；CITES附录 II

摄影：刘冰

火烧兰

Epipactis helleborine (L.) Crantz

重要特征

地生草本；根状茎粗短。茎具2—3枚鳞片状鞘。叶4—7枚，互生；叶片卵圆形。总状花序通常具3—40朵花；花绿色或淡紫色，下垂，较小；中萼片卵状披针形，舟状；侧萼片斜卵状披针形；花瓣椭圆形；唇瓣中部明显缢缩；下唇兜状；上唇近三角形或近扁圆形。蒴果倒卵状椭圆形。花期7月，果期9月。

地理分布： 安徽、甘肃、贵州、河北、湖北、辽宁、青海、陕西、山西、四川、新疆、西藏、云南；阿富汗、不丹、克什米尔、哈萨克斯坦、吉尔吉斯斯坦、尼泊尔、巴基斯坦、俄罗斯、塔吉克斯坦、乌兹别克斯坦、非洲北部、亚洲西南部、欧洲

生境： 生于山坡林下、草丛或沟边

海拔： 200—3600米

保育信息： 曾被列为国家保护二批Ⅱ级；CITES附录Ⅱ

摄影： 刘冰

大叶火烧兰

Epipactis mairei Schltr.

重要特征

地生草本；根状茎粗短，有时不明显；根多少呈“之”字形曲折。茎直立，基部具2—3枚鳞片状鞘。叶5—8枚，互生；叶片卵圆形、卵形至椭圆形。总状花序具10—20朵花，有时花更多；花黄绿带紫色、紫褐色或黄褐色，下垂。蒴果椭圆状。花期6—7月，果期9月。

地理分布： 甘肃、贵州、湖北、湖南、陕西、四川、西藏、云南；不丹、缅甸、尼泊尔

生境： 生于山坡灌丛中、草丛中、河滩阶地或冲积扇等地

海拔： 1200—3200米

保育信息： 曾被列为国家名录二批Ⅱ级；CITES附录Ⅱ

摄影： 刘冰

裂唇虎舌兰

Epipogium aphyllum Sw.

重要特征

分枝的、珊瑚状的根状茎。茎直立，肉质，无绿叶，具数枚膜质鞘。总状花序顶生，具2—6朵花；花黄色而带粉红色或淡紫色晕，多少下垂；萼片披针形或狭长圆状披针形；花瓣与萼片相似，常略宽于萼片；唇瓣近基部3裂。花期8—9月。

地理分布： 甘肃、黑龙江、吉林、辽宁、内蒙古、山西、四川、新疆、西藏、云南、台湾；不丹、印度、日本、克什米尔、韩国、尼泊尔、俄罗斯及欧洲

生境： 林下、岩隙或苔藓丛生之地

海拔： 1200—3600米

保育信息： 濒危；曾被列为国家保护二批Ⅱ级；CITES附录Ⅱ

摄影： 刘冰

匍茎毛兰

Eria clausa King & Pantl.

重要特征

根状茎纤细；假鳞茎卵球状或卵状长圆形，顶生1—3枚叶。叶椭圆形或椭圆状长圆形。花序1个，少有2个，从叶内侧发出，疏生2—6朵花；花淡黄绿色或浅绿色；中萼片长圆形；侧萼片镰状披针形；花瓣镰状长圆形；唇瓣轮廓为卵形，3裂。蒴果椭圆状。花期3月，果期4—5月。

地理分布： 广西、西藏、云南；不丹、印度北部、缅甸、越南

生境： 生于阔叶林中的树干和岩石上

海拔： 1000—1700米

保育信息： 曾被列为国家保护二级Ⅱ级；CITES附录Ⅱ

摄影： 刘冰

半柱毛兰

Eria corneri Rchb.f.

重要特征

假鳞茎密集着生，顶端具2—3枚叶。叶椭圆状披针形至倒卵状披针形。花序1个，从假鳞茎近顶端叶的外侧发出；花序具10余朵花，有时可多达60余朵花；花白色或略带黄色；中萼片卵状三角形；侧萼片镰状三角形；花瓣线状披针形；唇瓣轮廓为卵形，3裂。蒴果倒卵状圆柱形。花期8—9月，果期10—12月。

地理分布：福建、广东、广西、贵州、海南、云南、台湾；日本、越南

生境：生于林中的树上或林下的岩石上

海拔：500—1500米

保育信息：曾被列为国家保护二批Ⅱ级；CITES附录Ⅱ

摄影：刘冰

美冠兰

Eulophia graminea Lindl.

重要特征

假鳞茎卵球形、圆锥形、长圆形或近球形，多少露出地面。叶3—5枚，在花全部凋萎后出现，线形或线状披针形；叶柄套叠而成短的假茎，外有数枚鞘。花葶从假鳞茎一侧节上发出；总状花序直立，常有1—2个侧分枝，疏生多数花；花橄榄绿色，唇瓣白色而具淡紫红色褶片。蒴果下垂，椭圆形。花期4—5月，果期5—6月。

地理分布： 安徽、广东、广西、贵州、海南、云南、台湾；印度、印度尼西亚、日本、老挝、马来西亚、缅甸、尼泊尔、新加坡、斯里兰卡、泰国、越南

生境： 生于疏林中的草地上、山坡阳处、海边沙滩林中

海拔： 900—2100米

保育信息： 曾被列为国家保护二批Ⅱ级；CITES附录Ⅱ

摄影： 秦[illegible]生

毛唇美冠兰

Eulophia herbacea Lindl.

重要特征

叶2枚，披针形；叶柄套叠成假茎，外有数枚圆筒状鞘。花叶同时；花葶侧生，穿鞘而出；总状花序直立，疏生数朵花；花萼片线状披针形；花瓣倒卵状长圆形；唇瓣近卵状长圆形，3裂；侧裂片狭窄，半卵形，内弯并多少围抱蕊柱；中裂片近宽长圆形，上面密生流苏状毛；基部的距长圆筒状。花期6月。

地理分布： 广西、云南；孟加拉国、印度、老挝、尼泊尔、泰国

生境： 草地灌丛中

海拔： 1500米以下

保育信息： 濒危；曾被列为国家保护二批Ⅱ级；CITES附录Ⅱ

摄影： 刘冰

狭叶金石斛

Flickingeria angustifolia (Blume) A.D.Hawkes

重要特征

根状茎匍匐，具多分枝。茎金黄色，下垂，纤细，通常多分枝。假鳞茎金黄色，具1个节间，顶生1枚叶。叶革质，狭披针形。花序通常为单朵花，生于叶基部的背侧（远轴面）；花质地薄，仅开放半天，随后凋谢；萼片和花瓣淡黄色带褐紫色条纹；中萼片卵状椭圆形，侧萼片斜卵状三角形；花瓣卵状披针形；唇瓣3裂。花期6—9月。

地理分布： 广西、海南；印度尼西亚、马来西亚、泰国、越南

生境： 生于山地疏林中的树干上

海拔： 约1000米

保育信息： 易危；曾被列为国家保护二批Ⅱ级；CITES附录Ⅱ

摄影： 秦新生

北方盔花兰

Galearis roborowskyi (Maxim.) S.C.Chen, P.J.Cribb & S.W.Gale

重要特征

植株无块茎，具肉质的根状茎。茎直立，基部具2—3枚筒状鞘，鞘之上具叶。叶1枚，罕2枚，基生，叶片卵形。花序具1—5朵花，常偏向一侧；花紫红色，萼片近等大；中萼片直立，凹陷呈舟状，与花瓣靠合呈兜状；侧萼片直立或稍张开；花瓣直立，较萼片稍短小；唇瓣前部3裂。花期6—7月，果期7—9月。

地理分布：河北、甘肃、河南、青海、新疆、四川、西藏；印度、尼泊尔、不丹

生境：生于山坡林下、灌丛下及高山草地上

海拔：1700—4500米

保育信息：CITES附录Ⅱ

摄影：刘冰

河北盔花兰

Galearis tschiliensis (Schltr.) S.C.Chen,P.J.Cribb & S.W.Gale

重要特征

植株无块茎，具指状、肉质、匍匐的根状茎。茎直立，基部具2枚筒状鞘，鞘之上具叶。叶1枚，基生，叶片长圆状匙形或匙形。花茎直立，花序具1—6朵花，稍疏生，多偏向一侧，花紫红色、淡紫色或白色；萼片长圆形，近等大；中萼片与花瓣靠合呈兜状；侧萼片直立伸展；花瓣直立；唇瓣，无距。花期6—8月，果期7—9月。

地理分布：河北、西藏、陕西、甘肃、青海、四川、云南

生境：山坡林下或草地上

海拔：1600—4100米

保育信息：易危；CITES附录II

摄影：刘冰

毛萼山珊瑚

Galeola lindleyana (Hook.f. & Thomson) Rchb.f.

重要特征

草本。根状茎粗厚。茎直立，基部多少木质化。圆锥花序由顶生与侧生总状花序组成；侧生总状花序一般较短，具数朵至10余朵花；花黄色；萼片椭圆形至卵状椭圆形；侧萼片常比中萼片略长；花瓣宽卵形至近圆形，略短于中萼片；唇瓣凹陷成杯状，近半球形，不裂。果实近长圆形，外形似厚的荚果，淡棕色。花期5—8月，果期9—10月。

地理分布： 安徽、广东、广西、贵州、河南、湖南、陕西、四川、西藏、云南、台湾；不丹、印度、印度尼西亚、尼泊尔

生境： 生于疏林下、稀疏灌丛中，沟谷边腐殖质丰富、湿润、多石处

海拔： 700—3000米

保育信息： 曾被列为国家保护二批Ⅱ级；CITES附录Ⅱ

摄影： 刘冰

镰叶盆距兰

Gastrochilus acinacifolius Z.H.Tsi

重要特征

茎多少扁圆柱形。叶二列互生，通常镰刀状长圆形。伞形花序具多朵花；花序柄几与叶对生；萼片和花瓣淡黄色带紫红色斑点；萼片近等大，倒卵状匙形；花瓣相似于萼片，但较小。花期9—12月。

地理分布：海南

生境：生于山地林中树干上

海拔：约1000米

保育信息：易危；极小种群，CITES附录Ⅱ

摄影：秦新生

列叶盆距兰

Gastrochilus distichus (Lindl.) O. Kuntze

重要特征

茎悬垂，纤细，常分枝。叶多数，二列互生，披针形或镰刀状披针形。伞形花序具2—4朵花；花序柄纤细，与叶对生；萼片和花瓣淡绿色带红褐色斑点；萼片相似而等大；花瓣近倒卵形，比萼片稍小；前唇近半圆形；后唇近杯状。花期1—5月。

地理分布： 西藏、云南；不丹、印度、尼泊尔

生境： 生于山地林中树干上

海拔： 1100—2800米

保育信息： 曾被列为国家保护二批Ⅱ级；CITES附录Ⅱ

摄影： 刘冰

麻栗坡盆距兰

Gastrochilus malipoensis X.H.Jin & S.C.Chen

重要特征

附生植物，直立。茎由叶鞘包裹。叶具关节，披针形，略偏斜，先端不等2裂。总状花序。花白绿色，具紫色斑纹。上萼片椭圆形，内凹；侧萼片卵形，偏斜；花瓣椭圆形。

地理分布：云南
生境：附生植物
海拔：1300—1400米
保育信息：濒危；CITES附录Ⅱ
摄影：刘冰

无茎盆距兰

Gastrochilus obliquus (Lindl.) Kuntze

重要特征

茎粗短，具3—5枚叶。叶二列，稍肉质或革质，长圆形至长圆状披针形。花序近伞形，1—4个，出自茎的基部侧旁，常具5—8朵花；花芳香，萼片和花瓣黄色带紫红色斑点；萼片几等大，近椭圆形；花瓣匙形，比萼片小；前唇白色；后唇兜状。花期通常10月。

地理分布： 四川、云南；不丹、印度、老挝、缅甸、尼泊尔、泰国、越南

生境： 生于山地林缘树干上

海拔： 500—1400米

保育信息： 易危；曾被列为国家保护二批Ⅱ级；CITES附录Ⅱ

摄影： 刘冰

夏天麻

Gastrodia flavilabella **S.S.Ying**

重要特征

根状茎肥厚，多少块茎状，一端具许多珊瑚状根。茎直立，无绿叶。总状花序具7—20朵花；花绿色，裂片先端有暗色斑纹，唇瓣黄色；萼片和花瓣合生成的花被筒近圆筒状，顶端5枚裂片，两枚侧萼片合生处的裂口深达全长的一半；唇瓣倒卵形或倒卵状长圆形。花期7月。

地理分布： 台湾
生境： 生于林下空旷湿润处
海拔： 1100—1300米
保育信息： CITES附录Ⅱ
摄影： 刘冰

南天麻

Gastrodia javanica (Blume) Lindl.

重要特征

根状茎略肥厚，多少块茎状，近圆柱形。茎直立，无绿叶，下部疏生数枚鳞片状鞘。总状花序具4—18朵花；花外面浅灰褐色或黄绿色，中脉处有紫色条纹，内面浅褐黄色；萼片和花瓣合生成的花被筒，顶端具5枚裂片，但前方亦即两枚侧萼片合生处的裂口几乎深达近基部，使唇瓣多少外露；唇瓣上部卵圆形。花期6—7月。

地理分布： 福建、台湾；印度尼西亚、日本、马来西亚、菲律宾、泰国

生境： 林下

海拔： 600—2500米

保育信息： 易危；曾被列为国家保护二批Ⅱ级；CITES附录Ⅱ

摄影： 刘冰

大花斑叶兰

Goodyera biflora (Lindl.) Hook.f.

重要特征

根状茎匍匐，具节。茎直立，绿色，具4—5枚叶。叶片卵形或椭圆形，有网状脉。总状花序通常具2朵花，罕3—6朵花，常偏向一侧；花大，长管状，白色或带粉红色，萼片线状披针形，近等长，背面被短柔毛，中萼片与花瓣粘合呈兜状；花瓣白色；唇瓣白色。花期2—7月。

地理分布：安徽、福建、甘肃、广东、贵州、河南、湖北、湖南、江苏、陕西、四川、西藏、云南、浙江、台湾；印度、日本、韩国、尼泊尔、越南

生境：生于林下阴湿处

海拔：500—2200米

保育信息：曾被列为国家保护二级Ⅱ级；CITES附录Ⅱ

摄影：刘冰

光萼斑叶兰

Goodyera henryi Rolfe

重要特征

根状茎匍匐，具节。茎直立，绿色，具4—6枚叶。叶常集生于茎的上半部，叶片偏斜的卵形至长圆形。花序梗极短，几乎无梗，总状花序具3—9朵密生的花；花中等大，白色，或略带浅粉红色，半张开；中萼片与花瓣粘合呈兜状；侧萼片斜卵状长圆形；花瓣菱形；唇瓣白色，卵状舟形。花期8—10月。

地理分布： 甘肃、广东、广西、贵州、湖北、湖南、江西、四川、云南、浙江、台湾；日本、韩国

生境： 林下阴湿处

海拔： 400—2400米

保育信息： 易危；CITES附录Ⅱ

摄影： 刘冰

小斑叶兰

Goodyera repens (L.) R.Br.

重要特征

根状茎匍匐，具节。茎直立，绿色，具5—6枚叶。叶片卵形或卵状椭圆形。总状花序具几朵至10余朵密生、多少偏向一侧的花；花小，白色或带绿色、粉红色，半张开；中萼片卵形或卵状长圆形，与花瓣粘合呈兜状；侧萼片斜卵形、卵状椭圆形；花瓣斜匙形；唇瓣卵形。花期7—8月。

地理分布：安徽、福建、甘肃、河北、黑龙江、河南、湖北、湖南、吉林、辽宁、内蒙古、青海、陕西、山西、四川、新疆、西藏、云南、台湾；不丹、印度、日本、克什米尔、韩国、缅甸、尼泊尔、俄罗斯；欧洲、北美洲

生境：生于山坡、沟谷林下

海拔：700—3800米

保育信息：曾被列为国家保护二批Ⅱ级；CITES附录Ⅱ

摄影：刘冰

斑叶兰

Goodyera schlechtendaliana Rchb.f.

重要特征

根状茎匍匐，具节。茎直立，绿色，具4—6枚叶。叶片卵形或卵状披针形；总状花序具几朵至20余朵疏生近偏向一侧的花；花较小，白色或带粉红色，半张开；中萼片狭椭圆状披针形，与花瓣粘合呈兜状；侧萼片卵状披针形；花瓣菱状倒披针形；唇瓣卵形。花期8—10月。

地理分布：安徽、福建、甘肃、广东、广西、贵州、海南、河南、湖北、湖南、江苏、江西、陕西、山西、四川、西藏、云南、浙江、台湾；不丹、印度、印度尼西亚、日本、韩国、尼泊尔、泰国、越南

生境：生于山坡或沟谷阔叶林下

海拔：500—2800米

保育信息：曾被列为国家保护二批Ⅱ级；CITES附录Ⅱ

摄影：刘冰

绿花斑叶兰

Goodyera viridiflora (Blume) M.C.Pace

重要特征

根状茎匍匐，具节。茎直立，绿色，具2—3（—5）枚叶。叶片偏斜的卵形、卵状披针形或椭圆形；总状花序具2—3（—5）朵花。花较大，绿色，张开，无毛；萼片椭圆形，绿色或带白色，先端淡红褐色，中萼片凹陷，与花瓣粘合呈兜状；侧萼片向后伸展；花瓣偏斜的菱形，白色；唇瓣卵形，舟状。花期8—9月。

地理分布： 福建、广东、海南、广西、云南、台湾；不丹、印度、印度尼西亚、日本南部、马来西亚、尼泊尔、新几内亚、菲律宾、泰国、越南、澳大利亚

生境： 生于林下、沟边阴湿处

海拔： 300—2600米

保育信息： 易危；CITES附录II

摄影： 刘冰

川滇斑叶兰

Goodyera yunnanensis Schltr.

重要特征

根状茎匍匐，具节。茎直立，基部具4—7枚较密生的叶，有时近呈莲座状。叶片椭圆形或披针状椭圆形。总状花序具多数、密集偏向一侧的花；花小，白色或淡绿色，半张开；萼片白色或淡绿色，中萼片与花瓣粘合呈兜状；侧萼片偏斜；花瓣斜舌状；唇瓣半球状兜形，后部凹陷，囊状。花期8—10月。

地理分布： 四川、云南

生境： 生于林下或灌丛下

海拔： 2600—3900米

保育信息： CITES附录Ⅱ

摄影： 刘冰

手参

Gymnadenia conopsea (L.) R.Br.

重要特征

块茎椭圆形，肉质，下部掌状分裂。茎直立，基部具2—3枚筒状鞘，其上具3—5枚叶，上部具1至数枚苞片状小叶。叶片线状披针形、狭长圆形或带形。总状花序具多数密生的花。花粉红色，罕为粉白色；中萼片略呈兜状，具3脉；侧萼片反折，边缘向外卷；花瓣边缘具细锯齿；唇瓣前部3裂。花期7—8月。

地理分布： 甘肃、河北、黑龙江、吉林、辽宁、内蒙古、陕西、山西、四川、西藏、云南；日本、韩国、俄罗斯；欧洲

生境： 生于山坡林下、草地或砾石滩草丛中

海拔： 200—4700米

保育信息： 濒危；国家保护Ⅱ级；CITES附录Ⅱ

摄影： 刘冰

长距玉凤花

Habenaria davidii Franch.

重要特征

块茎肉质，长圆形。茎粗壮，直立，具5—7枚叶。叶片卵形、卵状长圆形至长圆状披针形。总状花序具4—15朵花；花大，绿白色或白色；萼片淡绿色或白色，边缘具缘毛，中萼片凹陷呈舟状；侧萼片反折；花瓣白色，近镰状，不裂，外侧边缘不臌出，与中萼片靠合呈兜状；唇瓣白色或淡黄色，基部不裂，在基部以上3深裂。花期6—8月。

地理分布：贵州、湖北、湖南、四川、西藏、云南

生境：生于山坡林下、灌丛下或草地

海拔：600—3200米

保育信息：曾被列为国家保护二批Ⅱ级；CITES附录Ⅱ

摄影：刘冰

厚瓣玉凤花

Habenaria delavayi Finet

重要特征

块茎肉质，长圆形或卵形。茎直立，基部多具3枚、少具4（—6）枚叶，极密集呈莲座状，在叶之下具1—2枚筒状鞘，在叶之上具1—5枚苞片状小叶。叶片圆形或卵形，稍肉质。总状花序具7—20朵较疏生的花；花白色；中萼片直立，宽椭圆形，凹陷呈舟状；侧萼片反折；花瓣线形，基部扭卷；唇瓣近基部3深裂。花期6—8月。

地理分布： 贵州、四川、云南

生境： 生于山坡林下、林间草地或灌丛草地

海拔： 1500—3000米

保育信息： CITES附录Ⅱ

摄影： 刘冰

粉叶玉凤花

Habenaria glaucifolia Bureau & Franch.

重要特征

块茎肉质。茎直立，基部具2枚近对生的叶，在叶之上无或具1—3枚鞘状苞片。叶片平展，较肥厚，近圆形或卵圆形。总状花序具3—10余朵花；花较大，白色或白绿色；中萼片凹陷呈舟状，与花瓣靠合呈兜状；侧萼片反折；花瓣直立，2深裂；唇瓣反折，基部之上3深裂。花期7—8月。

地理分布： 甘肃、贵州、陕西、四川、西藏、云南

生境： 生于山坡林下、灌丛下或草地上

海拔： 2000—4300米

保育信息： CITES附录Ⅱ

摄影： 刘冰

狭瓣玉凤花

Habenaria stenopetala Lindl.

重要特征

块茎肉质。茎粗壮，直立，近中部具5—8枚叶，向上具多枚苞片状小叶。叶片椭圆形、长圆形至长圆状披针形。总状花序具多数密生的花；花中等大，绿色或绿白色；中萼片凹陷呈舟状；侧萼片反折；花瓣较中萼片稍短而狭窄，2裂；唇瓣带褐色，长10—15毫米，基部3深裂；距细圆筒状，下垂。花期8—10月。

地理分布：贵州、西藏、台湾；印度、日本、克什米尔、尼泊尔、菲律宾、泰国、越南

生境：阔叶林下或林缘

海拔：300—1800米

保育信息：CITES附录Ⅱ

摄影：刘冰

四川玉凤花

Habenaria szechuanica Schltr.

重要特征

茎直立或近直立，基部具2枚近对生的叶。叶片平展，宽卵形或近圆形。总状花序直立，具3—7朵较疏生的花；花较大，黄绿色；中萼片凹陷呈舟状，与花瓣靠合呈兜状；侧萼片反折；花瓣直立，2浅裂；唇瓣反折，较萼片长，基部之上3深裂；距稍微向后上举，细圆筒状棒形。花期7—8月。

地理分布：陕西、四川、云南

生境：生于山坡云南松下或云杉林下

海拔：2900—3200米

保育信息：CITES附录Ⅱ

摄影：刘冰

卧龙玉凤花

Habenaria wolongensis K.Y.Lang

重要特征

块茎肉质。茎直立，基部具2枚近对生的叶，在叶之上无或具1—6枚鞘状苞片。叶片稍肉质，上面具黄白色美丽的斑纹，心形或卵形。总状花序具多朵较疏生的花；花黄绿色，较小；中萼片凹陷呈舟状；侧萼片反折；花瓣直立，2裂；唇瓣下垂，近基部3深裂，裂片线形；距棒状，下垂，近末端稍膨大。花期8月。

地理分布：四川

生境：林下

海拔：约2200米

保育信息：极危；CITES附录Ⅱ

摄影：刘冰

川滇玉凤花

Habenaria yuana Tang & F.T.Wang

重要特征

块茎肉质，长圆形。茎粗壮，直立，具5—6枚疏生的叶。叶片卵形或卵状椭圆形。总状花序具7—9朵花；花大，淡绿色；中萼片长圆状椭圆形，直立，凹陷呈舟状；侧萼片张开，斜长圆形；花瓣直立，斜半卵状镰形，与中萼片靠合呈兜状；唇瓣基部不裂，在基部以上才3深裂。花期8月。

地理分布： 四川、云南

生境： 林下

海拔： 1800—2600米

保育信息： CITES附录Ⅱ

摄影： 刘冰

滇兰

Hancockia uniflora Rolfe

重要特征

假鳞茎疏生于根状茎上。叶纸质，卵形或卵状披针形。花葶顶生1朵花；花白色；萼片相似，离生，稍靠合；花瓣相似于萼片并等长，但稍宽；唇瓣较花瓣短，有粉色条纹，3裂；距末端钝；蕊柱无蕊柱足。花期7月。

地理分布：云南、台湾；日本、越南

生境：生于山坡或沟谷林下阴湿处

海拔：1300—1600米

保育信息：濒危；CITES附录Ⅱ

摄影：刘冰

小花舌喙兰

Hemipilia brevicalcarata Finet

重要特征

块茎椭圆形或卵球形，肉质，不裂。茎直立，基部具1—2枚鞘，鞘之上具叶。叶1枚，基生，叶片心形或宽卵形。花茎细长，花序具1—3朵花，疏生，常偏向一侧；花紫红色；中萼片直立，凹陷呈舟状，与花瓣靠合呈兜状；侧萼片张开；花瓣直立；唇瓣向前伸展，前部3裂。花期6—7月。

地理分布： 四川、云南

生境： 山坡林下或草地

海拔： 1500—3400米

保育信息： CITES附录Ⅱ

摄影： 刘冰

扇唇舌喙兰

Hemipilia flabellata Bureau & Franch.

重要特征

直立草本。块茎狭椭圆状。茎在基部具1枚膜质鞘，鞘上方具1枚叶，向上具1—4枚鞘状退化叶。叶片心形、卵状心形或宽卵形，大小变化甚大。总状花序通常具3—15朵花；花颜色变化较大，从紫红色到近纯白色；唇瓣基部具明显的爪。蒴果圆柱形。花期5—8月。

地理分布：贵州、四川、西藏、云南

生境：林下、林缘或石灰岩石缝中

海拔：1600—3200米

保育信息：CITES附录Ⅱ

摄影：刘冰

角盘兰

Herminium monorchis (L.) R.Br.

重要特征

块茎球形，肉质。茎直立，基部具2枚筒状鞘，下部具2—3枚叶，在叶之上具1—2枚苞片状小叶。叶片狭椭圆状披针形或狭椭圆形。总状花序具多数花；花小，黄绿色，垂头，萼片近等长；中萼片椭圆形；侧萼片长圆状披针形，较中萼片稍狭；花瓣近菱形；唇瓣与花瓣等长，基部凹陷呈浅囊状，近中部3裂。花期7—8月。

地理分布： 安徽、甘肃、河北、黑龙江、河南、吉林、辽宁、内蒙古、宁夏、青海、陕西、山东、山西、四川、西藏、云南；印度、日本、克什米尔、韩国、蒙古、尼泊尔、巴基斯坦、俄罗斯；欧洲

生境： 生于山坡阔叶林至针叶林下、灌丛下、山坡草地或河滩沼泽草地中

海拔： 600—4500米。

保育信息： CITES附录Ⅱ

摄影： 刘冰

宽萼角盘兰

Herminium souliei (Finet) Rolfe

重要特征

块茎长圆形或卵球形，肉质。茎直立，基部具2—3枚筒状鞘，下部具2—4枚叶，在叶之上具1—2枚苞片状小叶。总状花序具多数花；花小，淡绿色；中萼片卵形，凹陷呈舟状；侧萼片偏斜的卵形，向前伸展；花瓣线状披针形；唇瓣下垂，基部无距，几乎不凹陷，中部缢缩，前部3裂。花期7—8月。

地理分布：四川、西藏、云南

生境：生于山坡阔叶林至针叶林下或山坡草地中

海拔：1400—4200米

保育信息：CITES附录Ⅱ

摄影：刘冰

云南角盘兰

Herminium yunnanense Rolfe

重要特征

块茎卵圆形，肉质。茎细长，基部具2枚筒状鞘，其上具1枚叶。叶直立伸展，叶片线形或线状长圆形。总状花序多数密生的小花。花小，黄绿色；中萼片卵形，凹陷呈舟状；侧萼片稍伸展，近卵形；花瓣近直立，卵形；唇瓣基部凹陷，先端具3齿或3浅裂。花期8—9月。

地理分布： 云南

生境： 山坡草地上

海拔： 2200—3300米

保育信息： 易危；CITES附录Ⅱ

摄影： 刘冰

镰翅羊耳蒜

Liparis bootanensis Griff.

重要特征

附生草本。假鳞茎密集，卵形、卵状长圆形或狭卵状圆柱形，顶端生1叶。叶狭长圆状倒披针形、倒披针形至近狭椭圆状长圆形。总状花序外弯或下垂，具数朵至20余朵花；花通常黄绿色，有时稍带褐色，较少近白色；花瓣狭线形；唇瓣近宽长圆状倒卵形。蒴果倒卵状椭圆形。花期8—10月，果期3—5月。

地理分布：福建、广东、广西、贵州、海南、湖南、江西、四川、西藏、云南、台湾；不丹、印度、印度尼西亚、日本、马来西亚、缅甸、菲律宾、泰国、越南。

生境：生于林缘、林中或山谷阴处的树上或岩壁上。

海拔：800—2300（—3100）米

保育信息：CITES附录Ⅱ

摄影：刘冰

羊耳蒜

Liparis campylostalix Rchb. f.

重要特征

地生草本。假鳞茎卵形。叶2枚，卵形、卵状长圆形或近椭圆形。总状花序具数朵至10余朵花；花通常淡绿色，有时可变为粉红色或带紫红色；萼片线状披针形；侧萼片稍斜歪；花瓣丝状；唇瓣近倒卵形。蒴果倒卵状长圆形。花期8—10月，果期9—10月。

地理分布： 黑龙江、吉林、辽宁、内蒙古、河北、山西、陕西、甘肃、山东、河南、四川、贵州、云南；日本、朝鲜、俄罗斯

生境： 生于林下、灌丛中或草地荫蔽处

海拔： 1100—2800（—3400）米

保育信息： CITES附录Ⅱ

摄影： 刘冰

扁茎兰

Liparis cespitosa (Lam.) Lindl.

重要特征

附生草本，较矮小。假鳞茎密集，卵形、狭卵形至近圆柱形，顶端具1叶。叶倒披针形至线状倒披针形；总状花序具(7—)10—40余朵花；花绿色或绿白色，很小；花瓣狭线形；唇瓣近宽长圆形，有时中部或下部略宽于上部。蒴果近椭圆形。花期6—10月，果期10—11月。

地理分布：海南、西藏、云南；非洲和亚洲热带地区，延伸到太平洋群岛

生境 生于林中或荫蔽处的树上、岩壁上或岩石上

海拔 500—2400米

保育信息：CITES附录Ⅱ

摄影：刘冰

心叶羊耳蒜

Liparis cordifolia Hook.f.

重要特征

地生草本。假鳞茎聚生，密集，卵形，稍压扁。叶1枚，卵形至心形。总状花序通常具10余朵花，偶见多达数十朵或仅有数朵花；花绿色或淡绿色，常较密集；萼片线状披针形或近线形；花瓣丝状或狭线形；唇瓣倒卵状三角形。花期10—12月。

地理分布：广西、西藏、云南、台湾；不丹、印度、尼泊尔、越南

生境：生于林中腐殖土丰富的地方，也见于岩缝或树杈积土之处

海拔：1000—2000米

保育信息：CITES附录Ⅱ

摄影：刘冰

大花羊耳蒜

Liparis distans C.B.Clarke

重要特征

附生草本，较高大。假鳞茎密集，顶端或近顶端具2叶。叶倒披针形或线状倒披针形；总状花序具数朵至10余朵花；花黄绿色或橘黄色；萼片线形；侧萼片常略短于中萼片；花瓣近丝状；唇瓣宽长圆形，边缘有不规则细齿。蒴果狭倒卵状长圆形。花期10月至次年2月，果期6—7月。

地理分布：广西、贵州、海南、四川、西藏、云南；印度、老挝、泰国、越南

生境：生于林中或沟谷旁树上或岩石上

海拔：1000—2400米

保育信息：CITES附录Ⅱ

摄影：刘冰

贵州羊耳蒜

Liparis esquirolii Schltr.

重要特征

附生草本。假鳞茎密集，圆柱形，顶端具1叶。叶长圆形至舌状；总状花序疏生10余朵花；花橘黄色；中萼片舌状，侧萼片斜歪；花瓣狭线形；唇瓣倒卵形，从基部至中部有1条纵脊。花期5—7月。

地理分布：广西、贵州
生境：生于荫蔽的岩石上
海拔：约900米
保育信息：CITES附录Ⅱ
摄影：刘冰

见血青

Liparis nervosa (Thunb. ex A. Murray) Lindl.

重要特征

地生草本。茎（或假鳞茎）圆柱状。叶3—6枚，卵形至卵状椭圆形。总状花序通常具数朵至10余朵花，花序轴有时具很狭的翅。花紫色；中萼片线形或宽线形；侧萼片狭卵状长圆形，稍斜歪；花瓣反折；唇瓣长圆状倒卵形。蒴果倒卵状长圆形或狭椭圆形。花期2—7月，果期10月。

地理分布： 福建、广东、广西、贵州、湖北、湖南、江西、四川、西藏、云南、浙江、台湾

生境： 林下，溪边石滩草地荫蔽处

海拔： 1000—2100米

保育信息： CITES附录Ⅱ

摄影： 刘冰

长茎羊耳蒜

Liparis viridiflora (Blume) Lindl.

重要特征

附生草本，较高大。假鳞茎稍密集，顶端具2叶。叶线状倒披针形或线状匙形。总状花序具数十朵小花；花绿白色或淡绿黄色，较密集；中萼片边缘外卷；侧萼片略宽于中萼片；花瓣狭线形；唇瓣边缘略呈波状。蒴果倒卵状椭圆形。花期3月。

地理分布：福建、广东、广西、海南、四川、西藏、云南、台湾；孟加拉国、不丹、柬埔寨、印度、印度尼西亚、老挝、马来西亚、缅甸、尼泊尔、菲律宾、斯里兰卡、泰国、越南；太平洋群岛

生境：生于林中或山谷阴处的树上、岩石上

海拔：200—2300米

保育信息：CITES附录Ⅱ

摄影：刘冰

钗子股

Luisia morsei Rolfe

重要特征

茎直立或斜立，坚硬，圆柱形，具多节和多数互生的叶。叶肉质。总状花序与叶对生，通常具4—6朵花；花小，开展，萼片和花瓣黄绿色，萼片在背面着染紫褐色；中萼片椭圆形，侧萼片斜卵形，稍对折并且围抱唇瓣前唇两侧边缘而向前伸；花瓣近卵形。花期4—5月。

地理分布：广西、贵州、海南、云南；老挝、泰国、越南

生境：山地林中的树干上

海拔：300—1200米

保育信息：CITES附录Ⅱ

摄影：秦新生

沼兰

Malaxis monophyllos (L.) Sw.

重要特征

地生草本。假鳞茎卵形，较小。叶通常1枚，较少2枚，卵形、长圆形或近椭圆形；总状花序具数十朵或更多的花；花小，较密集，淡黄绿色至淡绿色；中萼片披针形；侧萼片线状披针形，略狭于中萼片；花瓣近丝状或极狭的披针形；唇瓣先端骤然收狭而成线状披针形的尾（中裂片）。蒴果倒卵形或倒卵状椭圆形。花果期7—8月。

地理分布：甘肃、河北、黑龙江、河南、湖北、吉林、辽宁、内蒙古、宁夏、青海、陕西、山西、四川、西藏、云南、台湾；日本、韩国、俄罗斯；欧洲、北美洲

生境：林下、灌丛中或草坡上

海拔：800—4100米

保育信息：CITES附录Ⅱ

摄影：刘冰

尖唇鸟巢兰

Neottia acuminata Schltr.

重要特征

茎直立，无毛，中部以下具3—5枚鞘，无绿叶。总状花序顶生通常具20余朵花。花小，黄褐色，常3—4朵聚生而呈轮生状；中萼片狭披针形；侧萼片与中萼片相似；花瓣狭披针形；唇瓣形状变化较大，通常卵形、卵状披针形或披针形。蒴果椭圆形。花果期6—8月。

地理分布：甘肃、河北、湖北、吉林、内蒙古、青海、陕西、山西、四川、西藏、云南、台湾；印度、日本、韩国、尼泊尔、俄罗斯

生境：林下，荫蔽草坡

海拔：1500—4100米

保育信息：CITES附录Ⅱ

摄影：刘冰

高山鸟巢兰

Neottia listeroides Lindl.

重要特征

茎直立，中部以下具3—5枚鞘，无绿叶。总状花序顶生，具10—20朵或更多的花；花小，淡绿色；萼片长圆状卵形；侧萼片斜歪；花瓣近线形或狭长圆形；唇瓣狭倒卵状长圆形，先端2深裂。花期7—9月。

地理分布：甘肃、山西、四川、西藏、云南；不丹、印度、克什米尔、尼泊尔、巴基斯坦

生境：林下或荫蔽草坡上

海拔：1500—3900米

保育信息：CITES附录Ⅱ

摄影：刘冰

短柱对叶兰

Neottia mucronata (Panigrahi & J.J.Wood) Szlach.

重要特征

植株具缩短的根状茎。茎近基部处具1—2枚鞘，在近中部处具2枚对生叶。叶片宽卵形。总状花序具13—17朵疏松排列的花；花绿色；中萼片椭圆形，侧萼片斜卵形，略比中萼片长；花瓣线形或匙状线形，与中萼片等长或略长；唇瓣先端2深裂。花期7—8月。

地理分布：四川、云南；不丹、印度、尼泊尔、日本

生境：林中荫蔽处

海拔：约2400米

保育信息：CITES附录Ⅱ

摄影：刘冰

毛唇芋兰

Nervilia fordii (Hance) Schltr

重要特征

块茎圆球形。叶1枚，在花凋谢后长出，心状卵形，边缘波状，具约20条在叶两面隆起的粗脉。总状花序具3—5朵花；花半张开；萼片和花瓣淡绿色，具紫色脉，近等大；唇瓣白色，具紫色脉，凹陷，内面密生长柔毛，前部3裂。花期5月。

地理分布： 广东、广西、四川、云南；泰国、越南。

生境： 山坡或沟谷林下阴湿处。

海拔： 200—1000米。

保育信息： CITES附录Ⅱ

摄影： 刘冰

显脉鸢尾兰

Oberonia acaulis Griff.

重要特征

茎较短，不明显。叶近基生，3—5枚，二列套叠，两侧压扁，稍肥厚，剑形。花葶从叶丛中央抽出；总状花序较密集地生有数百朵小花；花绿黄白色；中萼片卵状椭圆形；侧萼片宽卵形；花瓣长圆形；唇瓣轮廓近长圆状卵形，3裂。蒴果近椭圆形。花果期11月至次年1月。

地理分布：西藏、云南；不丹、印度、缅甸、尼泊尔、泰国、越南

生境：林中树上

海拔：1000—2400米

保育信息：CITES附录Ⅱ；曾被列为国家保护二批Ⅱ级

摄影：刘冰

狭叶鸢尾兰

Oberonia caulescens Lindl.

重要特征

茎明显。叶5—6枚，二列互生于茎上，两侧压扁，肥厚，线形。总状花序具数十朵或更多的花；花淡黄色或淡绿色，较小；中萼片卵状椭圆形；侧萼片近卵形，稍凹陷，大小与中萼片相近；花瓣近长圆形；唇瓣轮廓为倒卵状长圆形或倒卵形，先端2深裂。蒴果倒卵状椭圆形。花果期7—10月。

地理分布：广东、湖北、湖南、四川、西藏、云南、台湾；不丹、印度、尼泊尔、越南

生境：林中的树上或岩石上

海拔：700—2600（—3700）米

保育信息：CITES附录Ⅱ

摄影：刘冰

红唇鸢尾兰

Oberonia rufilabris Lindl.

重要特征

茎短，不明显。叶近基生，二列套叠，3—4枚，两侧压扁，线形或线状披针形。花葶从叶丛中央抽出；总状花序具数十朵至百余朵花；花赤红色，常每3—4朵轮生于花序轴上，排成数十轮；萼片卵形，多少舟状；花瓣近长圆形，明显短于萼片；唇瓣3裂，而中裂片再度深裂。蒴果倒卵状椭圆形。花果期11月至次年1月。

地理分布：海南、云南；孟加拉国、柬埔寨、印度、马来西亚、缅甸、尼泊尔、泰国、越南

生境：林中树上

海拔：800—1000米

保育信息：濒危；CITES附录Ⅱ

摄影：秦新生

小沼兰

Oberonioides microtatantha **(Schltr.) Szlach.**

重要特征

地生小草本。假鳞茎小，卵形或近球形。叶1枚，接近铺地，卵形至宽卵形。花葶直立，纤细，常紫色；总状花序长1—2厘米，通常具10—20朵花；花很小，黄色；中萼片边缘外卷；侧萼片三角状卵形，大小与中萼片相似；花瓣线状披针形或近线形；唇瓣位于下方，舌状。花期4月。

地理分布： 安徽、福建、江西、台湾

生境： 林下或阴湿处的岩石上

海拔： 200—1800米

保育信息： CITES附录Ⅱ

摄影： 侯学良

西南齿唇兰

Odontochilus elwesii C.B.Clarke ex Hook.f.

重要特征

根状茎匍匐，肉质。茎直立，具6—7枚叶。叶片卵形或卵状披针形，有时具3条带红色的脉。总状花序具2—4朵较疏生的花；萼片绿色或为白色，先端和中部带紫红色；中萼片与花瓣粘合呈兜状；侧萼片基部围抱唇瓣基部的囊；花瓣白色；唇瓣白色，呈Y字形，基部稍扩大并凹陷呈球形的囊。花期7—8月。

地理分布： 广西、贵州、四川、云南、台湾；不丹、印度、缅甸、泰国、越南

生境： 生于山坡或沟谷常绿阔叶林下阴湿处

海拔： 300—1500米

保育信息： 国家保护二批Ⅱ级；CITES附录Ⅱ

摄影： 刘冰

齿唇兰

Odontochilus lanceolatus (Lindl.) Blume

重要特征

根状茎匍匐，肉质。茎直立，具4—5枚叶。叶片卵形。总状花序具3至10余朵花；花黄色，倒置（唇瓣位于下方）；萼片黄绿色；中萼片与花瓣粘合呈兜状；侧萼片张开；花瓣带白绿色；唇瓣金黄色，呈Y字形，末端2浅裂的囊，囊内面中央具1枚片状纵隔膜。花期6—9月。

地理分布：广东、广西、云南、台湾；不丹、尼泊尔、印度、缅甸、越南、泰国

生境：山坡或沟谷的常绿阔叶林下阴湿处

海拔：800—2200米

保育信息：国家保护二批Ⅱ级；CITES附录Ⅱ

摄影：刘冰

白花耳唇兰

Otochilus albus Lindl.

重要特征

叶宽达2厘米以上，中脉纵贯叶片中央，不偏向一侧。花苞片宽阔，长度与宽度几乎相等。花很小，中萼片长7—8毫米；唇瓣耳状侧裂片背面有小疣状突起；由耳状侧裂片形成的囊之内有1条纵脊。花期6—7月。

地理分布：西藏；印度、缅甸、尼泊尔、泰国、越南

生境：树上附生

海拔：1300—1500米

保育信息：CITES附录Ⅱ

摄影：刘冰

拟石斛

Oxystophyllum changjiangense (S.J.Cheng & C.Z.Tang) M.A.Clem.

重要特征

植株具匍匐根状茎和直立或斜立的茎。茎疏散地生于匍匐根状茎上。叶二列，斜立，厚肉质，紧密套叠，两侧压扁呈短剑状。花序常顶生，长约1厘米，为密集的短总状花序，常具数朵小花；花紫黑色，厚肉质，开展；中萼片椭圆形；侧萼片斜卵状三角形；花瓣长圆形；唇瓣舌状，厚肉质。

地理分布：海南
生境：生于山地疏林中的树干上和山谷岩石上
海拔：约1000米
保育信息：极小种群；濒危；CITES附录Ⅱ
摄影：秦新生

卷萼兜兰

Paphiopedilum appletonianum (Gower) Rolfe

重要特征

地生植物。叶基生，二列，7—8枚；叶片狭椭圆形。花葶直立，顶端通常生1花；中萼片绿白色并有绿色脉，基部常有紫晕，合萼片亦为绿白色并具深色脉，花瓣下半部有暗褐色与灰白色相间的条纹或斑及黑色斑点，上半部淡紫红色，唇瓣末端淡黄绿色至灰色，其余部分淡紫红色并有绿色的囊口边缘。花期1—5月。

地理分布： 广西、海南；柬埔寨、老挝、泰国、越南

生境： 生于林下阴湿、腐殖质丰富的土壤上或岩石上

海拔： 300—1200米

保育信息： 濒危；国家保护Ⅱ级；CITES附录Ⅰ

摄影： 刘冰

杏黄兜兰

Paphiopedilum armeniacum S.C.Chen & F.Y.Liu

重要特征

地生或半附生植物，地下具细长而横走的根状茎。叶基生，二列；叶片长圆形，坚革质，上面有深浅绿色相间的网格斑，背面有密集的紫色斑点并具龙骨状突起，边缘有细齿。花葶直立，顶端生1花；花大，纯黄色，仅退化雄蕊上有浅栗色纵纹；中萼片卵形或卵状披针形；合萼片与中萼片相似；花瓣大，宽卵状椭圆形、宽卵形或近圆形；唇瓣深囊状。花期2—4月。

地理分布：云南

生境：生于排水良好的石灰岩山丘荫蔽多石之地或岩隙中

海拔：1400—2100米

保育信息：极危；极小种群；国家保护Ⅱ级；CITES附录Ⅰ

摄影：刘冰

小叶兜兰

Paphiopedilum barbigerum Tang & F.T.Wang

重要特征

地生或半附生植物。叶基生，二列，5—6枚；叶片宽线形。花葶直立，顶端生1花；花中等大；中萼片中央黄绿色至黄褐色，上端与边缘白色，合萼片与中萼片同色但无白色边缘；花瓣边缘奶油黄色至淡黄绿色，中央有密集的褐色脉纹或整个呈褐色；唇瓣浅红褐色。花期10—12月。

地理分布：广西、贵州、云南；越南

生境：石灰岩山丘荫蔽多石之地或岩隙中

海拔：800—1500米

保育信息：濒危；国家保护【I级；CITES附录I】

摄影：刘冰

同色兜兰

Paphiopedilum concolor (Bateman) Pfitzer

重要特征

地生或半附生植物，具粗短的根状茎和少数稍肉质而被毛的纤维根。叶基生，二列，4—6枚；叶片狭椭圆形至椭圆状长圆形。花葶直立，顶端通常具1—2花，罕有3花；花淡黄色或罕有近象牙白色，具紫色细斑点；中萼片宽卵形；合萼片与中萼片相似；花瓣斜的椭圆形、宽椭圆形或菱状椭圆形；唇瓣深囊状。花期通常5—8月。

地理分布：广西、贵州、云南；柬埔寨、老挝、缅甸、泰国、越南

生境：生于石灰岩地区多腐殖质土壤上、岩壁缝隙或积土处

海拔：300—1400米

保育信息：易危；国家保护Ⅱ级；CITES附录Ⅰ

摄影：刘冰

长瓣兜兰

Paphiopedilum dianthum Tang & F.T.Wang

重要特征

附生植物，较高大。叶基生，二列，2—5枚；叶片宽带形或舌状。花葶近直立，总状花序具2—4花。花大；中萼片与合萼片白色而有绿色的基部和淡黄绿色脉，花瓣淡绿色或淡黄绿色并有深色条纹或褐红色晕，唇瓣绿黄色并有浅栗色晕，退化雄蕊淡绿黄色并有深绿色斑块。蒴果近椭圆形。花期7—10月。

地理分布： 广西、贵州、云南；越南。

生境： 生于林缘或疏林中的树干上或岩石上。

海拔： 1000—2300米

保育信息： 易危；国家保护Ⅰ级；CITES附录Ⅰ

摄影： 刘冰

白花兜兰

Paphiopedilum emersonii Koop. & P.J.Cribb

重要特征

地生或半附生植物，通常较矮小。叶基生，二列，5—7枚；叶片狭长圆形。花葶直立，顶端生1花；花大，白色，有时带极淡的紫蓝色晕，花瓣基部有少量栗色或红色细斑点，唇瓣上有时有淡黄色晕，通常具不甚明显的淡紫蓝色斑点，退化雄蕊淡绿色并在上半部有大量栗色斑纹。花期4—6月。

地理分布：广西、贵州；越南

生境：生于石灰岩灌丛中覆有腐殖土的岩壁上或岩石缝隙中

海拔：300—800米

保育信息：极危；极小种群；国家保护Ⅱ级；CITES附录Ⅰ

摄影：刘冰

亨利兜兰

Paphiopedilum henryanum Braem

重要特征

地生或半附生植物。叶基生，二列，通常3—5枚；叶片狭长圆形。花葶直立，顶端生1花；中萼片奶油黄色或近绿色，有许多不规则的紫褐色粗斑点，合萼片色泽相近但无斑点或具少数斑点，花瓣玫瑰红色，基部有紫褐色粗斑点，唇瓣玫瑰红色并略有黄白色晕与边缘。花期9—11月。

地理分布：广西、云南；越南

生境：林缘草坡上

海拔：900—1300米

保育信息：易危；国家保护Ⅱ级；CITES附录Ⅰ

摄影：刘冰

带叶兜兰

Paphiopedilum hirsutissimum (Lindl. ex Hook.Hook) Stein

重要特征

地生或半附生植物。叶基生，二列，5—6枚；叶片带形。花葶直立，顶端生1花；花较大，中萼片和合萼片除边缘淡绿黄色外，中央至基部有浓密的紫褐色斑点或甚至连成一片，花瓣下半部黄绿色而有浓密的紫褐色斑点，上半部玫瑰紫色并有白色晕，唇瓣淡绿黄色而有紫褐色小斑点，退化雄蕊与唇瓣色泽相似，有2个白色“眼斑”。花期4—5月。

地理分布：广西、贵州、云南；印度、老挝、泰国、越南

生境：生于林下、林缘岩石缝中或多石湿润土壤上

海拔：700—1500米

保育信息：易危；国家保护Ⅱ级；CITES附录Ⅰ

摄影：刘冰

麻栗坡兜兰

Paphiopedilum malipoense S.C.Chen & Z.H.Tsi

重要特征

地生或半附生植物，具短的根状茎。叶基生，二列，7—8枚；叶片长圆形或狭椭圆形。花葶直立，顶端生1花；花黄绿色或淡绿色，花瓣上有紫褐色条纹或多少由斑点组成的条纹，唇瓣上有时有不甚明显的紫褐色斑点，退化雄蕊白色而近先端有深紫色斑块，较少斑块完全消失。花期12月至次年3月。

地理分布： 广西、贵州、云南；越南

生境： 生于石灰岩山坡林下多石处或积土岩壁上

海拔： 500—2000米

保育信息： 极危；国家保护I级；CITES附录I

摄影： 刘冰

硬叶兜兰

Paphiopedilum micranthum Tang & F.T.Wang

重要特征

地生或半附生植物，地下具细长而横走的根状茎。叶基生，二列，4—5枚；叶片长圆形或舌状，坚革质，上面有深浅绿色相间的网格斑，背面有密集的紫斑点并具龙骨状突起。花葶直立，顶端具1花；花大，艳丽，中萼片与花瓣通常白色而有黄色晕和淡紫红色粗脉纹，唇瓣白色至淡粉红色，退化雄蕊黄色并有淡紫红色斑点和短纹；唇瓣深囊状。花期3—5月。

地理分布： 广西、贵州、云南；越南

生境： 生于石灰岩地区多石的灌丛或林下有积土的石缝中

海拔： 1000—1700米

保育信息： 易危；国家保护Ⅱ级；CITES附录Ⅰ

摄影： 刘冰

紫纹兜兰

Paphiopedilum purpuratum (Lindl.) Stein

重要特征

地生植物。叶4—6枚，二列；叶片狭椭圆形或近长圆形。花葶直立或近直立，单花。中萼片白色，具紫褐色脉；合萼片白色带绿脉；花瓣紫褐色，脉深紫色，从基部往上稍绿色或黄色，基部具黑紫褐色斑点；唇瓣紫褐色。花期6—12月。

地理分布：广东、广西、海南、云南；越南

生境：生于林下腐殖质丰富、多石之地，溪谷旁苔藓、砾石丛生之地或岩石上

海拔：100—1200米

保育信息：濒危；国家保护Ⅱ级；CITES附录Ⅰ

摄影：刘冰

紫毛兜兰

Paphiopedilum villosum (Lindl.) Stein

重要特征

地生或附生植物。叶基生，二列，通常4—7枚；叶片宽线形或狭长圆形。花葶直立，顶端生1花；花大；中萼片中央紫栗色而有白色或黄绿色边缘，合萼片淡黄绿色，花瓣具紫褐色中脉，中脉的一侧（上侧）为淡紫褐色，另一侧（下侧）色较淡或呈淡黄褐色，唇瓣亮褐黄色而略有暗色脉纹；唇瓣倒盔状，基部有柄，花期11月至翌年3月。

地理分布：云南；印度、老挝、缅甸、泰国、越南

生境：林缘、沟谷或溪边阴湿处

海拔：1100—1800米（—2000）米

保育信息：易危；国家保护Ⅱ级；CITES附录Ⅰ

摄影：刘冰

彩云兜兰

Paphiopedilum wardii Summerh.

重要特征

地生植物。叶基生，二列，3—5枚；叶片狭长圆形，上面有深浅蓝绿色相间的网格斑，背面有较密集的紫色斑点。花葶直立，顶端生1花；花较大；中萼片与合萼片白色而有绿色粗脉纹，花瓣绿白色或淡黄绿色而有密集的暗栗色斑点，有时有紫褐色晕，唇瓣绿黄色而具暗色脉和淡褐色晕以及栗色小斑点。花期12月至翌年3月。

地理分布：云南；缅甸

生境：生于山坡草丛多石积土中，林下或林缘溪边的树根下等荫蔽处（距水源1—3米）

海拔：约2000米

保育信息：国家保护Ⅱ级；CITES附录Ⅰ

摄影：刘冰

长须阔蕊兰

ristylus calcaratus (Rolfe) S.Y.Hu

重要特征

块茎长圆形或椭圆形。茎细长，近基部具3—4枚集生的叶，其下具2—4枚筒状鞘，在叶之上常具1至数枚披针形的苞叶状小叶。叶片椭圆状披针形。总状花序具多数花；花小，淡黄绿色；萼片长圆形；侧萼片较中萼片稍狭；花瓣斜卵状长圆形；唇瓣基部与花瓣的基部合生，3深裂。花期7—9（—10）月。

地理分布： 广东、广西、湖南、江苏、江西、云南、浙江、香港、台湾；越南

生境： 生于山坡草地或林下

海拔： 200—1300米

保育信息： CITES附录Ⅱ

摄影： 秦新生

凸孔阔蕊兰

Peristylus coeloceras Finet

重要特征

块茎卵球形。茎直立，下部具2—4枚叶，在叶之上具1—5枚苞片状小叶。叶片狭椭圆状披针形或椭圆形。总状花序具多数花；花小，较密集，白色；中萼片宽卵形，凹陷；侧萼片楔状卵形，较中萼片稍长而窄；花瓣直立，与中萼片等长；唇瓣楔形，基部具距，前部3裂。花期6—8月。

地理分布：四川、西藏、云南；缅甸

生境：生于山坡针阔叶混交林下、山坡灌丛下和高山草地

海拔：2000—3900米

保育信息：CITES附录Ⅱ

摄影：刘冰

一掌参

Peristylus forceps Finet

重要特征

块茎卵圆形或长圆形。茎直立，基部具2—3枚筒状鞘，其上疏生2—5枚叶。叶片狭椭圆状披针形或披针形。总状花序具多数花；花小，绿色；中萼片卵形；侧萼片长圆形，张开；花瓣斜卵状披针形，上部肉质增厚；唇瓣舌状披针形，不裂。花期6—8月。

地理分布：甘肃、贵州、湖北、四川、西藏、云南

生境：生于山坡草地、山脚沟边或山坡栎树林下

海拔：1200—4000米

保育信息：CITES附录Ⅱ

摄影：刘冰

鹤顶兰

Phaius tancarvilleae (L'Hér.) Blume

重要特征

植物体高大。假鳞茎圆锥形。叶2—6枚，互生于假鳞茎的上部，长圆状披针形。花葶从假鳞茎基部或叶腋发出，直立；总状花序具多数花；花大，美丽，背面白色，内面暗赭色或棕色；萼片近相似，长圆状披针形；花瓣长圆形；唇瓣贴生于蕊柱基部，背面白色带茄紫色的前端，内面茄紫色带白色条纹。花期3—6月。

地理分布：福建、广东、广西、海南、台湾、西藏、云南；广布于亚洲热带和亚热带地区以及大洋洲

生境：生于山谷或溪边林下荫蔽潮湿处

海拔：700—1800米

保育信息：CITES附录Ⅱ；曾被列为国家保护二批Ⅱ级

摄影：陈鸿志

尖囊蝴蝶兰

Phalaenopsis braceana (Hook.f.) Christenson

重要特征

根簇生，扁平，长而弯曲，表面密生疣状突起。茎不明显。叶少数，近丛生，花时常凋落或有时仅留下1—2枚椭圆形的小叶。花序从茎基部发出，1—3个，不分枝，疏生多数花；花伸展，萼片和花瓣在内面淡棕红色，背面苹果绿带淡棕色的中肋；唇瓣深紫红色，基部无爪，3裂。花期5月。

地理分布：云南；不丹、越南
生境：生于山地疏林中树干上
海拔：1100—2000米
保育信息：易危；CITES附录Ⅱ
摄影：刘冰

石仙桃

Pholidota chinensis Lindl.

重要特征

根状茎匍匐，生有假鳞茎；假鳞茎狭卵状长圆形，大小变化甚大。叶2枚，生于假鳞茎顶端，倒卵状椭圆形。总状花序具数朵至20余朵花；花白色或带浅黄色；中萼片凹陷成舟状，背面略有龙骨状突起；侧萼片具较明显的龙骨状突起；花瓣披针形；唇瓣略3裂。花期4—5月，果期9月至次年1月。

地理分布：福建、广东、广西、贵州、海南、西藏、云南、浙江；缅甸、越南

生境：生于林中或林缘树上、岩壁上或岩石上

海拔：900—2100米

保育信息：CITES附录Ⅱ

摄影：刘冰

馥兰

Phreatia formosana Rolfe ex Hemsl.

重要特征

无假鳞茎。茎很短，包藏于互相套叠的叶鞘之内。叶4—6（—10）枚，近基生，二列互生于短茎上，成簇，线形。花葶从叶腋发出，直立；总状花序具多数小花；花白色或绿白色；中萼片椭圆状卵形；侧萼片斜卵状三角形，着生于蕊柱足上，形成萼囊；花瓣近椭圆形；唇瓣近扁圆形。花期8月，果期9—10月。

地理分布：云南、台湾；泰国、越南

生境：生于林中透光处的树上

海拔：800—1800米

保育信息：CITES附录Ⅱ

摄影：刘冰

二叶舌唇兰

Platanthera chlorantha (Custer) Rchb.

重要特征

地生草本，块茎卵状纺锤形，肉质。茎直立，近基部具2枚彼此紧靠、近对生的大叶。基部大叶片椭圆形。总状花序具9—32朵花；花较大，绿白色或白色；中萼片舟状；侧萼片张开；花瓣狭披针形，与中萼片相靠合呈兜状；唇瓣舌状，肉质。花期6—8月，果期7—9月。

地理分布：甘肃、河北、黑龙江、河南、吉林、辽宁、内蒙古、青海、陕西、山东、山西、四川、西藏、云南；日本、朝国、俄罗斯

生境：生于山坡林下或草丛中

海拔：400—3300米

保育信息：CITES附录Ⅱ；曾被列为国家保护二批Ⅱ级

摄影：刘冰

白鹤参

Platanthera latilabris Lindl.

重要特征

地生草本，块茎椭圆形或卵球形，肉质。茎伸长，具3—6枚叶，上部具1—4枚苞片状小叶，基部具2—3枚筒状鞘。叶互生，叶片卵形或长圆形。总状花序具数朵至40余朵花，稀疏或密集；花中等大或较大，带黄绿色；中萼片直立，舟状；侧萼片反折或张开；花瓣肉质，与中萼片相靠合；唇瓣线形或披针形。花期7—8月。

地理分布： 四川、西藏、云南；不丹、印度、克什米尔、尼泊尔

生境： 生于山坡林下、灌丛下或草地

海拔： 1600—3500米

保育信息： CITES附录Ⅱ

摄影： 刘冰

蜻蜓兰

Platanthera souliei Kraenzl.

重要特征

地生草本，根状茎指状，肉质，细长。茎粗壮，直立，茎部具1—2枚筒状鞘，鞘之上具叶，茎下部的2（—3）枚叶较大，大叶片倒卵形，在大叶之上具1至几枚苞片状小叶。总状花序狭长，具多数密生的花；花小，黄绿色；中萼片直立，凹陷呈舟状，卵形；侧萼片斜椭圆形；花瓣直立，斜椭圆状披针形；唇瓣向前伸展，多少下垂，舌状披针形。花期6—8月，果期9—10月。

地理分布： 黑龙江、吉林、辽宁、内蒙古、河北、山西、陕西、甘肃、青海、山东、河南、四川、云南；朝鲜半岛、俄罗斯、日本

生境： 生于山坡林下或沟边

海拔： 400—4300米

保育信息： CITES附录Ⅱ

摄影： 刘冰

尖药兰

Platanthera urceolata (Hook.f.) R.M.Bataman

重要特征

植株具肉质根状茎。茎近基部具1枚大叶，大叶之上具1—2枚很小的苞片状小叶。大叶片长圆形或长圆状披针形。总状花序具几朵至12朵紧密排列并偏向一侧的花；花小，绿白色、白色或粉红色，花被片靠合成兜状；萼片和花瓣近等长；唇瓣线状披针形，不裂，向下弯，具距。花期8—10月。

地理分布：四川、云南；不丹、印度、缅甸北部、尼泊尔
生境：山坡林下
海拔：1900—3800米
保育信息：CITES附录Ⅱ
摄影：刘冰

大花独蒜兰

Pleione grandiflora (Rolfe) Rolfe

重要特征

附生草本。假鳞茎近圆锥形，上端渐狭成明显的长颈，绿色，顶端具1枚叶。叶在花期尚幼嫩，披针形。花葶从无叶的老假鳞茎基部发出，直立，顶端具1花；花白色，较大，唇瓣上有时具深紫红色或褐色的斑；中萼片近长圆形；侧萼片狭椭圆形；花瓣镰刀状倒披针形；唇瓣宽卵状椭圆形。花期5月。

地理分布：云南；越南
生境：生于林下岩石上
海拔：2600—2900米
保育信息：极危；国家保护Ⅱ级；CITES附录Ⅱ
摄影：刘冰

岩生独蒜兰

Pleione saxicola Tang & F.T.Wang ex S.C.Chen

重要特征

附生草本。假鳞茎近陀螺状或扁球形，顶端骤然收狭成明显的短喙，顶端具1叶。叶在花期已长成，倒披针形。花葶从具叶的老假鳞茎基部发出，直立，顶端具1花；花大，玫瑰红色；中萼片倒披针形；侧萼片与中萼片相似，稍斜歪；花瓣倒披针形；唇瓣宽椭圆形，明显3裂。花期9月。

地理分布：西藏、云南；不丹
生境：生于溪谷旁的岩壁上
海拔：2400—2500米
保育信息：濒危；国家保护Ⅱ级；CITES附录Ⅱ
摄影：刘冰

云南独蒜兰

Pleione yunnanensis (Rolfe) Rolfe

重要特征

地生或附生草本。假鳞茎卵形，上端有明显的长颈，顶端具1枚叶。叶在花期极幼嫩或未长出，长成后披针形。花葶从无叶的老假鳞茎基部发出，直立，顶端具1花，罕为2花；花淡紫色至粉红色，有时近白色，唇瓣上具有紫色或深红色斑；蒴果纺锤状圆柱形。花期4—5月，果期9—10月。

地理分布：贵州、四川、西藏、云南；缅甸

生境：生于林下和林缘多石地上或苔藓覆盖的岩石上，也见于草坡稍荫蔽的砾石地上

海拔：1100—3500米

保育信息：易危；国家保护Ⅱ级；CITES附录Ⅱ

摄影：刘冰

广布红门兰

Ponerorchis chusua (D.Don) Soó

重要特征

块茎长圆形或圆球形，肉质，不裂。茎直立，基部具1—3枚筒状鞘，鞘之上具1—5枚叶，多为2—3枚，叶之上不具或具1—3枚小的、披针形苞片状叶。叶片长圆状披针形。花序具1至20余朵花，多偏向一侧；花紫红色或粉红色；中萼片凹陷呈舟状，与花瓣靠合呈兜状；侧萼片向后反折；花瓣直立；唇瓣3裂。花期6—8月。

地理分布：黑龙江、吉林、内蒙古、陕西、宁夏、甘肃、青海、湖北、四川、云南、西藏；朝鲜、日本、俄罗斯、尼泊尔、不丹、印度、缅甸

生境：生于山坡林下、灌丛下、高山灌丛草地或高山草甸中

海拔：500—4500米

保育信息：CITES附录Ⅱ

摄影：刘冰

川西兜被兰

Ponerorchis compacta (Schltr.) X.H.Jin, Schuit & W.T.Jin

重要特征

块茎椭圆形，肉质。茎直立，基部具2枚叶，其下具1—2枚圆筒状鞘。叶直立伸展，叶片狭长圆形或长圆状披针形。总状花序具6—8朵密生的花；花较大，粉红色；萼片在3/4以上紧密靠合成兜；中萼片狭长圆状披针形，凹陷；侧萼片斜镰状披针形；花瓣近镰状线形；唇瓣前伸反折。花期8月。

地理分布： 四川

生境： 湿润的高山草地

海拔： 4000—4100米

保育信息： CITES附录Ⅱ；曾被列为国家保护二批Ⅱ级

摄影： 刘冰

二叶兜被兰

Ponerorchis cucullata (L.) X.H.Jin, Schnit & W.T.Jin

重要特征

块茎圆球形或卵形。茎直立或近直立，基部具1—2枚圆筒状鞘，其上具2枚近对生的叶，在叶之上常具1—4枚小的披针形、渐尖的不育苞片。叶片卵形、卵状披针形或椭圆形。总状花序具几朵至10余朵花，常偏向一侧；花紫红色或粉红色；萼片彼此紧密靠合成兜；花瓣披针状线形；唇瓣中部3裂。花期7—10月。

地理分布：安徽、福建、甘肃、贵州、河北、黑龙江、河南、湖北、江西、吉林、辽宁、内蒙古、青海、陕西、山西、四川、西藏、云南、浙江；不丹、印度、日本、韩国、蒙古、尼泊尔、俄罗斯；欧洲

生境：山坡林下或草地

海拔：400—4500米

保育信息：易危；CITES附录Ⅱ

摄影：刘冰

火焰兰

Renanthera coccinea Lour.

重要特征

茎攀援，粗壮，质地坚硬，通常不分枝。叶二列，舌形或长圆形。花序与叶对生，常3—4个，圆锥花序或总状花序疏生多数花；花火红色；中萼片狭匙形，边缘稍波状并且其内面具橘黄色斑点；侧萼片长圆形；花瓣相似于中萼片而较小，边缘内侧具橘黄色斑点；唇瓣3裂。花期4—6月。

地理分布： 广西、海南、云南；老挝、缅甸、泰国、越南

生境： 生于沟边林缘、疏林中树干上和岩石上

海拔： 200—1400米

保育信息： 濒危；国家保护Ⅱ级；CITES附录Ⅱ

摄影： 刘冰

云南火焰兰

Renanthera imschootiana Rolfe

重要特征

茎具多数彼此紧靠而二列的叶。叶革质，长圆形。花序腋生，具分枝，总状花序或圆锥花序具多数花；花开展；中萼片黄色，近匙状倒披针形；侧裂片内面红色，背面草黄色，斜椭圆状卵形，先端钝，基部收狭为长约6毫米的爪，边缘波状，具5条主脉；唇瓣3裂；侧裂片红色；中裂片卵形，深红色，反卷；距黄色带红色末端；蕊柱深红色，圆柱形。花期5月。

地理分布：云南；印度、缅甸、越南

生境：河谷林中树干上

海拔：500米以下

保育信息：极危；国家保护Ⅱ级；CITES附录Ⅰ

摄影：刘冰

烟色足宝兰

Salacistis fumata (Thwaites) M.C.Pace

重要特征

根状茎匍匐。茎肉质，具6枚叶。叶片椭圆状披针形，叶柄基部扩大成抱茎的鞘。总状花序约具40朵疏生、不偏向一侧的花；花中等大，黄色，芳香，张开；萼片背面被短柔毛，中萼片狭卵状长圆形，与花瓣粘合呈兜状；侧萼片颇张开；花瓣斜线状倒披针形；唇瓣淡褐色。花期3—4月。

地理分布：海南、西藏、云南、台湾；印度、印度尼西亚、日本、马来西亚、缅甸、菲律宾、斯里兰卡、泰国、越南

生境：生于林下

海拔：1100—1300米

保育信息：CITES附录Ⅱ；曾被列为国家保护二批Ⅱ级

摄影：秦新生

缘毛鸟足兰

Satyrium nepalense var. *ciliatum* (Lindl.) Hook.f.

重要特征

地生草本，地下具块茎；块茎椭圆形。茎直立，基部具1—3枚膜质鞘，鞘的上方具1—2枚叶和1—2枚叶状鞘。叶片卵状披针形。总状花序密生20余朵或更多的花；花粉红色，通常两性，较少雄蕊退化而成为雌性（雌性植株）；中萼片狭椭圆形；侧萼片长圆状匙形；花瓣匙状倒披针形；唇瓣位于上方，兜状，半球形。蒴果椭圆形。花果期8—10月。

地理分布： 湖南、四川、贵州、云南、西藏；印度、不丹、尼泊尔

生境： 生于高山松林下、开阔林地及草坡上

海拔： 1200—4000米

保育信息： CITES附录Ⅱ

摄影： 刘冰

乌足兰

Satyrium nepalense D.Don

重要特征

地生植物，具块茎；块茎长圆状椭圆形。茎基部具膜质鞘，在鞘的上方有2—3枚叶和2—4枚叶状鞘。叶片椭圆形。总状花序密生20余朵或更多的花；花粉红色；中萼片狭椭圆形；侧萼片长圆状半卵形；花瓣狭长圆形或狭椭圆形；唇瓣位于上方，兜状，近半球形。花期9—12月。

地理分布： 贵州、湖南、四川、西藏、云南；不丹、印度、缅甸、尼泊尔、斯里兰卡

生境： 生于草坡上、林间空地或林下

海拔： 1000—4000米

保育信息： CITES附录Ⅱ

摄影： 刘冰

云南鸟足兰

Satyrium yunnanense Rolfe

重要特征

地生植物，地下具块茎；块茎椭圆形。茎直立，基部具1—2枚膜质鞘，鞘的上方具1—2枚叶和2—3枚叶状鞘。叶片卵形至近椭圆形。总状花序较粗短，具10余朵排列稍疏松的花；花黄色至近金黄色；中萼片长圆形；侧萼片亦为长圆形，略斜歪；花瓣近长圆状匙形；唇瓣位于上方，兜状，近半球形；距2个。花期7—9月，果期11月。

地理分布：四川、云南

生境：生于疏林下、草坡上或乱石岗上

海拔：2000—3700米

保育信息：濒危；CITES附录Ⅱ

摄影：刘冰

匙唇兰

Schoenorchis gemmata (Lindl.) J. J. Sm.

重要特征

茎质地稍硬，下垂，不分枝。叶扁平。圆锥花序从叶腋发出，密生许多小花；花不甚开展；中萼片紫红色；侧萼片紫红色，近唇瓣的一侧边缘白色；花瓣紫红色；唇瓣匙形，3裂。蒴果近卵形。花期3—6月，果期4—7月。

地理分布：福建、广西、海南、西藏、云南、香港；不丹、柬埔寨、印度、老挝、缅甸、尼泊尔、泰国、越南

生境：生于山地林中的树干上

海拔：200—2000米

保育信息：CITES附录Ⅱ

摄影：刘冰

绶草

Spiranthes sinensis (Pers.) Ames

重要特征

根数条，指状，肉质，簇生于茎基部。茎较短，近基部生2—5枚叶。叶片宽线形，极罕为狭长圆形。总状花序具多数密生的花；花小，紫红色、粉红色或白色，在花序轴上呈螺旋状排生；萼片的下部靠合，中萼片舟状，与花瓣靠合呈兜状；侧萼披针形；唇瓣基部凹陷呈浅囊状。花期7—8月。

地理分布： 几乎遍布全中国；阿富汗、不丹、印度、日本、克什米尔、韩国、马来西亚、蒙古、缅甸、尼泊尔、菲律宾、俄罗斯、泰国、越南、澳大利亚

生境： 生于山坡林下、灌丛下、草地或河滩沼泽草甸中

海拔： 200—3400米

保育信息： CITES附录Ⅱ

摄影： 刘冰

白点兰

Thrixspermum centipeda Lour.

重要特征

茎斜立或下垂，粗壮，质地硬，多少扁圆柱形。叶二列互生，稍肉质，长圆形。花序单一或成对与叶对生，常数个，仅生有少数花；花白色或奶黄色，后变为黄色，质地厚，不甚开展；中萼片狭镰刀状披针形；侧萼片相似于中萼片，但基部稍较宽；花瓣狭镰刀状披针形；唇瓣基部凹陷呈浅囊状，3裂。花期5—7月。

地理分布：广西、海南、云南、香港；柬埔寨、印度、印度尼西亚、老挝、马来西亚、缅甸、泰国、越南

生境：生于山地林中的树干上

海拔：100—1200米

保育信息：CITES附录Ⅱ

摄影：秦新生

阔叶竹茎兰

Tropidia angulosa (Lindl.) Blume

重要特征

地生草本，植株具根状茎。茎直立，单生或2个生于同一根状茎上。叶2枚，生于茎顶端，近对生状；叶片椭圆形。总状花序生于茎顶端，具10余朵或更多的花；花绿白色；中萼片线状披针形；侧萼片合生，围抱唇瓣并与唇瓣基部的距连成一体；花瓣线状披针形；唇瓣基部有圆筒状距。蒴果长圆状椭圆形。花期9月，果期12月至次年1月。

地理分布： 广西、西藏、云南、台湾；不丹、印度、印度尼西亚、日本、马来西亚、缅甸、泰国、越南

生境： 林下或林缘

海拔： 100—1800米

保育信息： CITES附录Ⅱ

摄影： 刘冰

长喙兰

Tsaiorchis keiskeoides (Gagnep.) X.H.Jin, Schuit. & W.T.Jin

重要特征

叶片卵状长圆形，具7脉。总状花序具5—7朵花；花小，淡紫色或粉红色；中萼片长圆状椭圆形；侧萼片斜狭长圆形，具1脉，伸展；花瓣斜椭圆形，先端钝，具1脉，直立伸展；唇瓣基部具距，3裂。花期8—9月。

地理分布：广西、云南

生境：生于山坡或沟谷密林下

海拔：约1500米

保育信息：濒危；CITES附录Ⅱ

摄影：刘冰

石蒜科
Amaryllidaceae

冀韭
Allium chiwui F.T.Wang & Tang

重要特征

根状茎粗壮，横走。鳞茎单生或数枚聚生。叶条形，扁平。花葶圆柱状，具2纵棱；总苞2裂，宿存；伞形花序半球状，具多而密集的花；花白色至黄色；花被片，内轮花被片成卵状矩圆形，外轮花被片成舟状卵形，较内轮稍短；花丝等长，仅基部合生并与花被片贴生；花药黄色；子房倒卵球状。花期7月。

地理分布：河北

生境：草坡

海拔：2100—2500米

保育信息：濒危

摄影：刘冰

泰山韭

Allium taishanense J.M.Xu

重要特征

具斜生的根状茎。鳞茎单生或少数聚生。叶宽条形，背面具1纵棱，沿叶缘和纵棱具细糙齿。花葶圆柱状，具2纵棱，沿棱具细糙齿；伞形花序近半球状，多花，松散；花淡红色至白色；花丝等长，基部合生并与花被片贴生；子房倒卵状球形，腹缝线基部具有窄的凹陷蜜穴。花期9月。

地理分布： 山东

生境： 山坡

海拔： 300—600米

保育信息： 稀有

摄影： 刘冰

长筒石蒜

Lycoris longituba Y.Hsu & G.J.Fan

重要特征

鳞茎卵球形。早春出叶，叶披针形。总苞片2枚，披针形；伞形花序有花5—7朵；花白色；花被裂片腹面稍有淡红色条纹，顶端稍反卷，边缘不皱缩；雄蕊略短于花被；花柱伸出花被外。花期7—8月。

地理分布：江苏
生境：生于山坡潮湿荫蔽处
海拔：约0米
保育信息：易危
摄影：刘冰

稻草石蒜

Lycoris straminea Lindl.

重要特征

鳞茎近球形。秋季出叶，叶带状。总苞片2枚，披针形；伞形花序有花5—7朵；花稻草色；花被裂片腹面散生少数粉红色条纹或斑点，盛开时消失，花被片强烈反卷和皱缩；雄蕊明显伸出于花被外；子房近球形。花期8月。

地理分布： 江苏、浙江
生境： 阴湿山坡
海拔： 约100米
保育信息： 易危
摄影： 刘冰

天门冬科
Asparagaceae

柬埔寨龙血树
Dracaena cambodiana Pierre ex Gagnep.

重要特征

乔木状。茎不分枝或分枝，树皮带灰褐色，幼枝有密环状叶痕。叶聚生于茎、枝顶端，几乎互相套叠，剑形。圆锥花序花3—7朵簇生，绿白色或淡黄色；花被片下部约1/5—1/4合生成短筒；花丝扁平，无红棕色疣点。浆果直径约1厘米。花期7月。

地理分布：海南；柬埔寨、老挝、泰国、越南
生境：生于林中或干燥沙壤土上
海拔：300米以下
保育信息：易危；国家保护Ⅱ级
摄影：秦新生

剑叶龙血树

Dracaena cochinchinensis (Lour.) S.C.Chen

重要特征

乔木状。茎粗大，分枝多，树皮灰白色，光滑。叶聚生在茎、分枝或小枝顶端，剑形，抱茎，无柄。圆锥花序，2—5朵簇生，乳白色；花丝扁平，上部有红棕色疣点。浆果橘黄色，具1—3颗种子。花期3月，果期7—8月。

地理分布：广西、云南；柬埔寨、越南

生境：石灰岩上

海拔：900—1700米

保育信息：易危；国家保护Ⅱ级；《国家重点保护野生药材物种名录》Ⅲ级

摄影：刘冰

棕榈科
Arecaceae

董棕
Caryota obtusa Griff.

重要特征

乔木状，高可达40米，茎单生。叶在茎顶紧密着生成冠状；叶轴长4—5.5米；叶柄长1—2米，主羽叶19—22对；次级羽叶20—27对，顶端钝。花序生于叶间，长达6米；花序轴长2—2.9米；雄花15毫米，萼片5—7毫米，花瓣黄色，长约14毫米；雌花与雄花相似，但花萼稍宽，花瓣较短，退化雄蕊3枚。果实红色，球形，通常含2种子。

地理分布：云南；印度、老挝、缅甸、泰国、越南

生境：散生于山区热带雨林，常见于石灰岩地区

海拔：1400—1800米

保育信息：易危；国家保护Ⅱ级

摄影：刘冰；张寿洲

水椰

Nypa fruticans Wurmb

重要特征

茎匍匐状，从生灌木。叶硬而直立；叶片长达9米，每侧羽片数57—100，羽片于同一平面上排列有序、伸展。花序直立，长达2米。果褐色，倒卵形，密集着生于头状果序上。

地理分布：海南；孟加拉、柬埔寨、印度、印度尼西亚、日本、缅甸、新几内亚、菲律宾、斯里兰卡、泰国、越南、所罗门群岛、澳大利亚

生境：生于河口或海边湿地

海拔：约0米

保育信息：易危；国家保护Ⅱ级

摄影：秦新生

龙棕

Trachycarpus nanus Becc.

重要特征

叶柄长12—25厘米，边缘具小齿；叶片轮廓半圆形，背面绿色或灰色，20—30硬裂片。肉穗花序腋生，排成圆锥花序式，长达30厘米；花雌雄异株，雄花黄色，萼及花冠3裂；发育雄蕊6枚，退化雄蕊3枚；雌花淡绿色，花被片与雄花同；心皮3枚，胚珠3颗，但只有1颗发育。核果肾形，宽约12毫米，高约8毫米，蓝黑色。

地理分布：云南，四川

生境：生于干燥森林或山区开放处

海拔：1800—2300米

保育信息：濒危；国家保护Ⅱ级

摄影：刘冰

芭蕉科
Musaceae

地涌金莲

Musella lasiocarpa (Franch.) C.Y.Wu ex H.W.Li

重要特征

丛生灌木，植株具水平向根状茎。叶片狭椭圆形，长达0.5米，先端锐尖，基部近圆形，两侧对称，有白粉。花序长20—25厘米，合生花被片卵状长圆形，先端具5齿裂，离生花被片先端微凹，凹陷处具短尖头。浆果长约3厘米，直径约2.5厘米；种子黑褐色或褐色，种脐白色。

地理分布：贵州、四川、云南
生境：生于荒坡
海拔：1500—2500米
保育信息：稀有
摄影：刘冰

姜科
Zingiberaceae

长果姜
Siliquamomum tonkinense Baill.

重要特征

叶片通常只有3片，长20—55厘米，基部急尖，顶端渐尖；叶舌无毛。总状花序，有花9—12朵；花梗有一关节；花冠黄白色，花冠管长2厘米，裂片长2.5—3厘米；唇瓣杂色，长3—3.5厘米。蒴果黄色。花期10月。

地理分布：云南；越南
生境：生于山谷密林
海拔：约800米
保育信息：濒危；国家保护Ⅱ级
摄影：刘冰；叶育石

禾本科
Poaceae

短芒芨芨草
Achnatherum breviaristatum Keng & P.C.Kuo

重要特征

多年生。秆直立，具2—3节。叶鞘长于节间；叶舌长圆状披针形，长达13毫米；叶片长达50厘米，卷曲，边缘具细刺。圆锥花序紧缩；小穗黄绿色，基部变紫；颖近等长，披针状椭圆形，无毛，顶端急尖；外稃顶端具2齿；内稃与外稃等长，脉不显著，背面近基部亦具柔毛，鳞被3，披针形，带黄褐色；雄蕊3，浅黄色。花期6月。

地理分布：甘肃
生境：生于山坡草地、干旱河谷
海拔：约2100米
保育信息：易危；国家保护Ⅱ级
摄影：陈文俐

水禾

Hygroryza aristata (Retz.) Nees ex Wight & Arn.

重要特征

水生漂浮草本。叶舌截形；叶片下面具乳突，顶端钝，基部圆至心形。花序轮廓三角状，最下部分枝近轮生，成熟时反卷。小穗绿色；外稃背面被短硬毛，叶脉被刺毛；内稃中脉被纤毛，顶端尖。

地理分布： 福建、广东、海南、云南、台湾；孟加拉国、柬埔寨、印度、老挝、马来西亚、缅甸、尼泊尔、巴基斯坦、斯里兰卡、泰国、越南

生境： 生于林阴下的池塘和湖里

海拔： 约10米

保育信息： 易危；国家保护Ⅱ级

摄影： 刘冰

野生稻

Oryza rufipogon Griff.

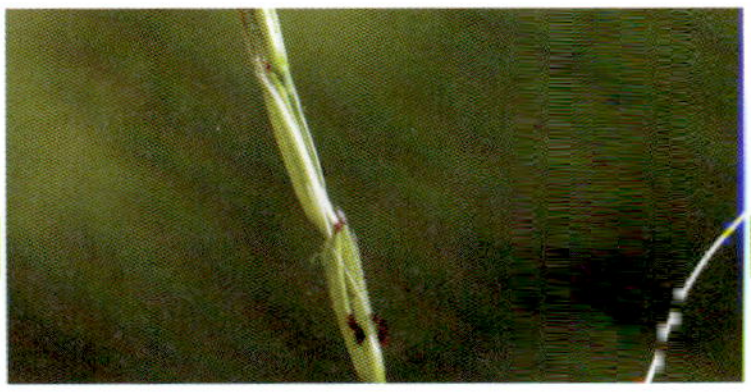

重要特征

多年生水生草本。叶鞘下部膨大，上部紧，无毛，耳突明显；叶片边缘与中脉粗糙，顶端渐尖。圆锥花序直立而后下垂；小穗长圆形，黄绿色，顶端红色；第一和第二外稃退化，呈鳞片状，披针形，顶端渐尖；芒粗壮。颖果红褐色。花果期分别为4—5月和10—11月。

地理分布：广东、广西、海南、云南、台湾；孟加拉国、柬埔寨、印度、印度尼西亚、马来西亚、缅甸、新几内亚、斯里兰卡、菲律宾、泰国、越南、澳大利亚

生境：生于河边、池塘、溪流、莲花池、稻田、水沟、沼泽

海拔：700米以下

保育信息：极危；国家保护Ⅱ级

摄影：陈文俐

四川狼尾草

Pennisetum sichuanense S.L.Chen & Y.X.Jin

重要特征

多年生草本。叶鞘疏松，短于节间，被短细硬毛；叶片线形。圆锥花序线形；主轴被短毛；总苞包住一小穗。小穗卵状披针形；第一颖卵形，近膜质，先端锐尖或尖；第二颖厚膜质，先端芒尖；第一小花通常雄性。花果期8—11月。

地理分布： 四川、云南

生境： 生于山坡、溪岸

海拔： 2000—3000米。

保育信息： 特有；曾被列为国家保护一批Ⅱ级

摄影： 刘冰

三蕊草

Sinochasea trigyna Keng

重要特征

草本；基部叶鞘宿存。叶鞘微糙；叶片被刚毛，两面和边缘粗糙，顶端急尖；叶舌膜质，截形或钝。圆锥花序轮廓狭披针形；花梗被硬毛。小穗绿色，顶端紫色；颖披针形，与小穗等长；内稃顶端具2齿。花果期8—9月。

地理分布：青海、西藏

生境：生于高山草甸、山坡

海拔：3800—5100米

保育信息：易危；国家保护Ⅱ级

摄影：陈文俐

箭叶大油芒

Spodiopogon sagittifolius Rendle

重要特征

多年生草本。秆直立，具3—4节。叶鞘无毛；叶片线状披针形，顶端渐尖，基部2裂呈箭镞形，边缘平滑。圆锥花序轮廓为披针形；小穗黄绿色，具短髯毛；第一颖披针状长圆形，顶端近急尖；外稃顶端微凹；第二外稃狭2裂至中部以下。花果期秋季。

地理分布： 四川、云南

生境： 生于山坡、森林、草地

海拔： 1500—1800米

保育信息： 国家保护Ⅱ级

摄影： 刘冰

中华结缕草

Zoysia sinica Hance

重要特征

多年生草生。秆直立，基部分枝。叶鞘无毛，基部宿存；叶片宽线形，无毛，先端锐尖。花序线状椭圆形，常从最上部的叶鞘伸出；花梗短于小穗，先端加宽。小穗黄褐色或紫褐色；外稃披针状长圆形，无内稃。花果期5—10月。

地理分布：安徽、福建、广东、广西、河北、江苏、辽宁、山东、浙江、台湾；日本、韩国

生境：生于海边沙地或生境遭破坏的内地

海拔：1600米以下

保育信息：国家保护Ⅱ级

摄影：刘冰

珍稀

A New Guide to Rare and Endangered Plants in China

中国濒危植物新编（下）

—— 汤 永 张寿洲 主编 ——

深圳报业集团出版社
SHENZHEN PRESS GROUP PUBLISHING HOUSE

出 品 人：胡洪侠
责任编辑：彭春红　魏孜文
技术编辑：杨　杰　何杏蔚
装帧设计：友间文化

图书在版编目（CIP）数据

中国濒危植物新编 / 杨永，张寿洲主编.
—深圳：深圳报业集团出版社，2023.7
ISBN 978-7-80709-905-5

Ⅰ. ①中…　Ⅱ. ①杨…　②张…　Ⅲ. ①濒危植物—介绍—中国
Ⅳ. ①Q948.52

中国版本图书馆CIP数据核字（2022）第232612号

中国濒危植物新编

ZHONGGUO BINWEI ZHIWU XINBIAN

杨永　张寿洲　主编

深圳报业集团出版社出版发行
（518034　深圳市福田区商报路2号）
深圳市金丽彩印刷有限公司印制　新华书店经销
2023年7月第1版　2023年7月第1次印刷
开本：787mm×1092mm　1/16
字数：662千字　印张：45
ISBN 978-7-80709-905-5　　定价：420.00元（上下册）

编委会

作者：杨　永（南京林业大学）

张寿洲（深圳市中国科学院仙湖植物园）

Authors: Yang Yong (Nanjing Forestry University)

Zhang Shouzhou(Shenzhen & Chinese Academy of Sciences Fairy Lake Botanical Garden)

摄影：（以姓氏拼音为序）

陈炳辉　陈文俐　达　来　龚　洵　郭丽秀　郭志友

侯学良　黄俞淞　蒋　宏　金维胤　赖阳均　李爱莉

李海文　李世晋　刘　冰　刘　健　覃海宁　秦新生

税玉明　宋柱秋　童恬静　王　康　王瑞江　肖天文

许为斌　薛彬娥　杨宗愈　叶建飞　于胜祥　余志祥

袁　琼　张志勇　张宪春　曾　刚　曾佑派

Photograph

Chen Binghui, Chen Wenli, Da Lai, Gong Xun, Guo Lixiu, Guo Zhiyou, Hou Xueliang, Huang Yusong, Jiang Hong, Jin Weiyin, Lai Yangjun, Li Aili, Li Haiwen, Li Shijin, Liu Bing, Liu Jian, Qin Haining, Qin Xinsheng, Shui Yuming, Song Zhuqiu, Tong Tianjing, Wang Kang, Wang Ruijiang, Xiao Tianwen, Xu Wei-Bin, Xue Bine, Yang Zongyu, Ye Jianfei, Yu Shengxiang, Yu Zhixiang, Yuan Qiong, Zhang Zhiyong, Zhang Xianchun, Zeng Gang, Zeng Youpai

目录
CONTENTS

4 木兰纲
Magnoliopsida

4

木兰纲

Magnoliopsida

4.5 蔷薇亚纲
Rosidae

罂粟科
Papaveraceae

房山紫堇
Corydalis fangshanensis W.T.Wang ex. S.Y.He

重要特征

灰绿色丛生草本，高15—30厘米，具主根。茎不分枝，花葶状，无叶，有时基部具1—2叶。基生叶多数；叶片披针形，二回羽状全裂，一回羽片约5—7对。总状花序长5—8厘米，疏具多花。花淡红紫色至近白色，平展。萼片卵圆形，全缘，上花瓣有距，囊状。子房线形。蒴果线形，下垂，具1列种子。种子肾形。

地理分布：北京、河北、河南、山西
生境：石灰岩多石山坡
海拔：500—1600米
保育信息：易危
摄影：刘冰

五台山延胡索

Corydalis hsiaowutaishanensis T.P.Wang

重要特征

多年生草本。块茎长圆形。茎直立，长4—18厘米，下部具1—3鳞片，上部具2—3叶。叶具长柄，基部鞘状宽展，三出，小叶无柄。花序轴长4—8厘米，花序密具（1—）2—5花。花浅紫色，近俯垂。外花瓣具浅鸡冠状突起。上花瓣具距，直或轻微下弯；下花瓣具宽而浅的囊。柱头近四方形。蒴果倒卵圆形，具4—10种子。花果期5—7月。

地理分布：河北、山西

生境：山坡

海拔：2000—3000米

保育信息：稀有

摄影：刘冰

防己科
Menispermaceae

崖藤
Albertisia laurifolia Yamam.

重要特征

木质大藤本；嫩枝被绒毛，老枝无毛。叶近革质，椭圆形至卵状椭圆形，长7—14厘米；侧脉每边3—5条，中脉和侧脉在下面显著凸起。雄花序为聚伞花序，有花3—5朵，花瓣6，雌花未见。核果椭圆形，长2.2—3.3厘米，被绒毛；果核稍木质，椭圆形。花期夏初，果期秋季。

地理分布： 广西、海南、云南；越南

生境： 生于林中

海拔： 200—1000米

保育信息： 近危

摄影： 刘冰

一文钱

Stephania delavayi Diels

重要特征

纤细草质藤本，长约1—2米；茎、枝细瘦，有条纹，均无毛。叶薄纸质，三角状近圆形；掌状脉约9—10条。复伞形聚伞花序腋生或生于腋生、具小型叶的短枝上；雄花：萼片6（很少8），排成2轮；花瓣3—4，稍肉质，近倒三角形或阔楔形；雌花：萼片和花瓣均3片。核果红色，无毛。

地理分布： 贵州、四川、云南
生境： 生于灌丛、园篱、路边等处
海拔： 800—2200米
保育信息： 易危
摄影： 刘冰

小檗科
Berberidaceae

西藏八角莲
Dysosma tsayuensis T.S.Ying

重要特征

多年生草本，植株高50—90厘米。根状茎粗壮；茎高35—55厘米，不分枝，无毛，具纵条棱。茎生2叶，对生，纸质，圆形或近圆形，两面被短伏毛；花2—6朵簇生于叶柄交叉处；花瓣6，白色，倒卵状椭圆形，长2.7—2.8厘米。果柄长3—9厘米，无毛；浆果卵形或椭圆形，红色。种子多数。花期5月，果期7月。

地理分布： 西藏

生境： 生于高山松林、冷杉林、云杉林下或林间空地

海拔： 2500—3500米

保育信息： 易危；国家保护Ⅱ级

摄影： 刘冰

八角莲

Dysosma versipellis (Hance) M.Cheng ex T.S.Ying

重要特征

多年生草本，植株高40—150厘米。根状茎粗状，横生，多须根；茎直立，不分枝，无毛，淡绿色。茎生叶2枚，薄纸质，互生，盾状，近圆形。花深红色，5—8朵簇生于离叶基部不远处，下垂；萼片6，长圆状椭圆形；花瓣6，勺状倒卵形。浆果椭圆形。种子多数。花期3—6月，果期5—9月。

地理分布： 安徽、广东、广西、贵州、河南、湖北、湖南、江西、山西、云南、浙江

生境： 生于山坡林下、灌丛中、溪旁阴湿处、竹林下或石灰山常绿林下

海拔： 300—2400米

保育信息： 易危；国家保护Ⅱ级

摄影： 侯学良

阿里山十大功劳

Mahonia oiwakensis Hayata

重要特征

灌木，植株高1—7米。叶长圆状椭圆形，具12—20对无柄小叶。总状花序有时分枝，7—18个簇生；芽鳞阔披针形至卵形；花金黄色；花瓣长圆形。浆果卵形，蓝色或蓝黑色，被白粉。花期8—11月，果期12月至翌年5月。

地理分布：贵州、四川、西藏、云南、香港、台湾

生境：生于阔叶林下、灌丛中、林缘或山坡

海拔：600—3800米

保育信息：稀有

摄影：刘冰

桃儿七

Sinopodophyllum hexandrum (Royle) T.S.Ying

重要特征

多年生草本，植株高20—50厘米。根状茎粗短，节状；茎直立，单生，具纵棱，无毛，基部被褐色大鳞片。叶2枚，薄纸质，非盾状，基部心形。花大，单生，先叶开放，两性，整齐，粉红色；花瓣6，倒卵形或倒卵状长圆形。浆果卵圆形，熟时橘红色；种子卵状三角形，红褐色。花期5—6月，果期7—9月。

地理分布： 甘肃、青海、陕西、四川、西藏、云南；阿富汗、不丹、印度、克什米尔、尼泊尔、巴基斯坦

生境： 生于林下、林缘湿地、灌丛中或草丛中

海拔： 2200—4300米

保育信息： 易危；国家保护Ⅱ级；CITES附录Ⅱ

摄影： 刘冰

毛茛科
Ranunculaceae

褐紫乌头
Aconitum brunneum Hand.-Mazz.

重要特征

块根椭圆球形或近圆锥形。茎高85—110厘米，无毛或几无毛，近等距地生叶。叶片肾形或五角形，三深裂。总状花序具15—30朵花；萼片褐紫色或灰紫色，外面疏被短柔毛，上萼片船形；花瓣疏被短柔毛或几无毛，瓣片顶端圆，无距。种子倒卵形。8—9月开花。

地理分布：甘肃、青海、四川

生境：生于山坡阳处或冷杉林

海拔：3000—4300米

保育信息：易危

摄影：童恬静

黄毛乌头

Aconitum chrysotrichum W.T.Wang

重要特征

茎高35—66厘米，不分枝，有反曲和开展的黄色糙毛。基生叶数个，有长柄；叶片近圆形或圆肾形，基部深心形，3深裂。茎生叶2—4。花序约有12花；萼片蓝紫色，外面有开展的黄色毛，上萼片圆筒状高盔形；花瓣无毛，无距。8月开花。

地理分布： 四川

生境： 生于山地灌丛中

海拔： 4300—4700米

保育信息： 濒危

摄影： 童恬静

丽江乌头

Aconitum forrestii Stapf

重要特征

块根胡萝卜形。茎高70—100厘米，被反曲的短柔毛，等距地密生叶，上部分枝，有时不分枝。茎下部叶稀疏，具稍长柄，在开花时枯萎，茎中部以上叶具短柄或几无柄；叶片坚纸质，宽卵形或五角状卵形，3深裂。顶生总状花序长20—40厘米，具多数密集的花；萼片紫蓝色，外面被短柔毛；花瓣无毛，2浅裂。8月开花。

地理分布：四川、云南

生境：生于山地草坡或林边

海拔：约3100米

保育信息：易危

摄影：袁琼

河口银莲花

Anemone hokouensis C.Y.Wu ex W.T.Wang

重要特征

植株高40—59厘米。基生叶2，有长柄；叶片心状卵形或心形，长10—14厘米，不明显3浅裂。花葶1，顶部密被短曲柔毛；伞辐4—5，密被贴伏的短柔毛；萼片5，紫色，倒卵形或狭倒卵形，外面只在基部有短柔毛；心皮多数，无毛，花柱短。5—6月开花。

地理分布： 云南
生境： 生于山地
海拔： 约1200米
保育信息： 极危
摄影： 张煜

直果银莲花

Anemone orthocarpa Hand.-Mazz.

重要特征

植株高15—32厘米。根状茎近垂直；短而粗。基生叶3—7，有长柄；叶片五角形，长3—5厘米，基部心状截形。花葶细，有疏柔毛；苞片3—9，狭菱形；伞辐1—6，密被白色短糙毛；萼片5，白色，倒卵形，无毛。瘦果卵形，无毛。2月开花。

地理分布： 贵州

生境： 石灰岩山地阴湿处

海拔： 1000—1200米

保育信息： 稀有

摄影： 袁琼

山东银莲花

Anemone shikokiana (Makino) Makino

重要特征

基生叶4—8；叶片圆肾形，长3.5—9.5厘米，3全裂；叶柄有稀疏的长柔毛。花葶通常1条，有疏柔毛或近无毛；苞片2—3；复伞形花序长3.5—12厘米；小伞形花序约有4花；萼片4（—5），白色，狭倒卵形或倒卵形，无毛；心皮2—5，无毛。瘦果扁平，宽椭（圆形），无毛。6—7月开花。

地理分布： 山东；日本

生境： 生于草地或岩石山坡上

海拔： 600—1100米

保育信息： 易危

摄影： 刘冰

兴义银莲花

Anemone xingyiensis Q.Yuan & Q.E.Yang

重要特征

植株高可达16厘米。根状茎短而粗。叶9—20，有长柄；叶不裂或不明显三裂，椭圆形，基部楔形。聚伞花序，1—5朵花；萼片5，白色，倒卵形，背面被稀疏的微柔毛。瘦果斜倒卵形，无毛，有1条纵肋。

地理分布：贵州
生境：生于潮湿的岩溶石壁上
海拔：约1000米
保育信息：稀有
摄影：袁琼

星果草

Asteropyrum peltatum (Franch.) J.R.Drumm & Hutch.

重要特征

叶2—6枚；叶片圆形或近五角形，宽2—3厘米，不分裂或5浅裂。萼片5，花瓣状，白色倒卵形，顶端圆形，具明显的3—5条脉；花瓣金黄色，长约为萼片之半，瓣片倒卵形或近圆形，下部具细爪。蓇葖卵形，顶端有一尖喙；种子多数，宽椭圆形，棕黄色，边缘近龙骨状。5—6月开花，6—7月结果。

地理分布： 湖北、四川、云南；不丹、缅甸

生境： 生于高山山地林下

海拔： 2000—4000米

保育信息： 易危

摄影： 袁琼

北京水毛茛

Batrachium pekinense L.Liou

重要特征

多年生沉水草本。茎长30厘米以上，无毛或在节上有疏毛，分枝。叶有柄；叶片轮廓楔形或宽楔形，长1.6—3厘米，二型，沉水叶裂片丝形，上部浮水叶二至三回，3—5中裂至深裂。花瓣白色，宽倒卵形，基部有短爪；花托有毛。花期5—8月，果期7—9月。

地理分布：北京
生境：生于山谷或丘陵溪水中
海拔：100—500米
保育信息：濒危；国家保护Ⅱ级
摄影：刘冰；谢磊

鸡爪草

Calathodes oxycarpa Sprague

重要特征

茎高20—45厘米，无毛，不分枝或分枝。基生叶约3个，无毛，具长柄，花期之后多枯萎；叶片五角形，中央全裂片宽菱形。茎生叶约4枚，下部有长柄，似基生叶，叶片较大。萼片白色，倒卵形或椭圆形。种子黑色，有光泽。5—6月开花，7月结果。

地理分布：湖北、四川、云南

生境：生于山地林下或草坡阴处

海拔：2400—3200米

保育信息：极危

摄影：童恬静

多果鸡爪草

Calathodes polycarpa Ohwi

重要特征

茎高30—40厘米，无毛。叶片两面无毛，边缘有锯齿，先端急尖。花直径1.8—3厘米。萼片白色或绿白色，倒卵形或椭圆形。蓇葖果30—60；花柱宿存。

地理分布： 台湾
生境： 山区开阔地
海拔： 1800—2000米
保育信息： 濒危
摄影： 杨中宇

太白美花草

Callianthemum taipaicum W.T.Wang

重要特征

植株全部无毛。茎1—4条，开花时高8—9厘米，有1—2叶。基生叶3—6，狭卵形，长1.8—2.5厘米，羽片2—3对，二回深裂。花单生茎或分枝顶端，萼片5，带蓝紫色，狭椭圆形或披针形；花瓣9—13，倒披针形或狭倒卵形，长11—14毫米；花药狭椭圆形，花丝狭线形；心皮18—22，有短花柱。花期6月。

地理分布：陕西
生境：山坡草地
海拔：3400—3600米
保育信息：濒危
摄影：刘冰

北川驴蹄草

Caltha dysosmoides Tao Zhang, Bing Liu, Y. Q. Hao, Y. Yang & Y. J. La

地理分布： 四川

生境： 生于常绿阔叶林下

海拔： 2350—2650米

保育信息： 极危

摄影： 刘冰

重要特征

叶缘具密齿，花梗下垂，花猩红色，花丝扁，药隔三角形，与驴蹄草属其他种类区别明显。基于核ITS、叶绿体trnL-trnF和atpB-rbcL序列的系统发育研究表明该种与细茎驴蹄草*Caltha sinogracilis*近缘。

槭叶铁线莲

Clematis acerifolia Maxim.

重要特征

直立小灌木，高30—60厘米。根木质，粗壮。老枝外皮灰色，有环状裂痕。叶为单叶，与花簇生；叶片五角形，长3—7.5厘米，基部浅心形，通常为不等的掌状5浅裂。花2—4朵簇生；萼片5—8，开展，白色或带粉红色，狭倒卵形至椭圆形。花期4—5月，果期5—6月。

地理分布： 北京

生境： 生于低山陡壁或土坡上

海拔： 约200米

保育信息： 濒危；国家保护Ⅱ级

摄影： 刘冰

短萼黄连

Coptis chinensis var. *brevisepala* W.T.Wang & P.G.Xiao

重要特征

叶有长柄叶片稍带革质，卵状三角形，叶有长柄，3全裂，中央全裂片卵状菱形。萼片较短，黄绿色，长椭圆状卵形；花瓣线形或线状披针形，中央有蜜槽。蓇葖果；种子7—8粒，长椭圆形，褐色。2—3月开花，4—6月结果。

地理分布：安徽、福建、广东、广西、浙江

生境：生于山地沟边林下或山谷阴湿处

海拔：600—1600米

保育信息：濒危；国家保护Ⅱ级；《国家重点保护野生药材物种名录》Ⅱ级

摄影：侯学良；刘冰

峨眉黄连

Coptis omeiensis (C.Chen) C.Y.Cheng

重要特征

叶片稍革质，轮廓披针形或窄卵形，长6—16厘米，3全裂，中央全裂片菱状披针形。花葶通常单一；花序为多歧聚伞花序；萼片黄绿色，狭披针形；花瓣9—12，线状披针形。种子3—4粒，黄褐色，长椭圆形，光滑。2—3月开花，4—7月结果。

地理分布：河南、四川
生境：生于山地悬崖或石岩上
海拔：1000—1700米
保育信息：濒危；国家保护Ⅱ级
摄影：袁琼

黄毛翠雀花

Delphinium chrysotrichum Finet & Gagnep.

重要特征

茎高（5—）11—20厘米，疏被开展的短柔毛，不分枝，或自下部有1（—2）分枝。基生叶和下部叶有长柄；叶片肾形或圆肾形，3深裂。伞房花序生茎或分枝端，有2（—4）花；萼片宿存，紫色，外面密被淡黄色长柔毛，上萼片船状圆卵形；花瓣顶端2浅裂，无毛或疏被柔毛。8—9月开花。

地理分布： 四川、西藏、云南
生境： 生于山地多石砾山坡
海拔： 3000—5000米
保育信息： 濒危
摄影： 袁琼

鞘柄翠雀花

Delphinium coleopodum Hand.-Mazz.

重要特征

茎高20—35厘米，有少数叶。基生叶约1，有长柄；叶片五角状分裂，裂片圆形或近圆形，3深裂近基部。茎生叶3—4，有宽鞘；鞘抱茎，船形。总状花序长10—20厘米，有3—7花；萼片蓝色，狭椭圆形，距与萼片等长或稍短，钻形；花瓣蓝色，无毛。9—10月开花。

地理分布： 云南
生境： 生于山地草坡
海拔： 3000—3700米
保育信息： 极危
摄影： 袁琼

二郎山翠雀花

Delphinium erlangshanicum W.T. Wang

重要特征

植株高约30厘米。叶约4枚，均基生，有长柄，无毛；叶片圆形，宽6.5—9厘米，3全裂。花茎直立，被反曲的白色短柔毛。总状花序疏生约6朵花。萼片淡蓝紫色，卵形或椭圆状卵形，外面被短柔毛，内面无毛，距钻形；花瓣黑色，顶端2裂，裂片披针形，疏被缘毛。9月开花。

地理分布：四川

生境：生于山坡岩石上

海拔：约2300米

保育信息：极危

摄影：袁琼

稻城翠雀花

Delphinium hui F.H.Chen

重要特征

茎高3—8厘米，密被长柔毛，不分枝。基生叶多达10枚，有长柄；叶片肾状五角形。茎生叶1—2，似基生叶，但较小，有较短柄。花序有1—2花；萼片紫色，宽椭圆形，外面有柔毛，内面无毛，距钻形；花瓣紫色，无毛，顶端2浅裂；心皮3，子房被短柔毛。8月开花。

地理分布： 四川
生境： 生于山坡多砂砾处
海拔： 约4500米
保育信息： 极危
摄影： 袁琼

丽江翠雀花

Delphinium likiangense Franch.

重要特征

茎高10—25（—50）厘米，被反曲的短柔毛，不分枝。叶5—7生于茎基部或近基部处，有长柄；叶片五角状近圆形，3全裂达基部。总状花序有1—4花；萼片蓝色，外面被短伏毛，距圆锥状筒形；花瓣蓝色，无毛，顶端钝。种子灰褐色，近球形，沿棱有纵翅。8—9月开花。

地理分布：云南

生境：生于山地草坡或多石砾山坡

海拔：3400—4500米

保育信息：濒危

摄影：袁琼

木里翠雀花

Delphinium muliense W.T.Wang

重要特征

茎直立，高60—70厘米，无毛，不分枝或分枝，等距地生叶。基生叶在开花时枯萎。茎生叶有长柄；叶片五角形，3全裂。总状花序长6—19厘米；萼片蓝紫色，上萼片倒卵形，其他萼片长圆状倒卵形，距钻形；花瓣蓝色，无毛，顶端不裂。种子倒卵球形，生极狭的波状横翅。7月开花。

地理分布： 四川

生境： 生于山地林边或林下

海拔： 3300—4200米

保育信息： 濒危

摄影： 袁琼

直距翠雀花

Delphinium orthocentrum Franch.

重要特征

茎高50—100厘米，上部与叶柄和花序被贴伏的短柔毛，等距地生叶。茎中部叶有稍长柄；叶片五角形。茎上部叶渐变小。总状花序，约有10花；萼片蓝紫色，倒卵形，外面密被短柔毛，距与萼片近等长，圆锥状圆筒形；花瓣蓝色，无毛，顶端2浅裂。8月开花。

地理分布： 四川
生境： 生于草坡上
海拔： 约3500米
保育信息： 濒危
摄影： 袁琼

锡兰莲

Naravelia zeylanica (L.) DC.

重要特征

木质藤本。茎圆柱形，近于无毛，有纵沟纹。小叶片卵圆形，近于圆形或心形，长6—11厘米，基部心形或圆形。圆锥花序顶生或腋生，长可达40厘米，被紧贴的浅柔毛；萼片4枚，淡黄绿色，窄倒卵形或椭圆形；花瓣8—10枚，顶端微膨大成棒状或匙形。瘦果纺锤形，被稀疏柔毛。花期10月，果期11月。

地理分布：云南；不丹、印度、尼泊尔

生境：生于山坡林下

海拔：约1000米

保育信息：易危

摄影：童恬静

森氏毛茛

Ranunculus morii (Yamam.) Ohwi

重要特征

多年生草本，被疏毛。三出复叶或二回三出复叶，叶片薄革质，两面光滑或下表面疏被毛；叶柄长约3.4—9厘米，被疏毛。花单生；花萼5枚，卵形，双面均光滑无毛；花瓣5（—8），狭倒卵形。聚合果球形。花期4—6月，果期5—7月。

地理分布： 台湾
生境： 仅见于高海拔山区
海拔： 3000米以上
保育信息： 濒危
摄影： 杨中宇

大花台湾唐松草

Thalictrum urbainii var. *majus* T.Shimizu

重要特征

植株高（10—）20—70厘米。花直径2—3厘米。萼片数常6，3—8毫米长，8—5毫米宽。

地理分布： 台湾

生境： 目前仅见于台湾东部中海拔地区石灰岩地

海拔： 约1600米

保育信息： 易危

摄影： 杨中宇

台湾金莲花

Trollius taihasenzanensis Masam.

重要特征

叶片坚纸质，五角形，基部心形；中裂片宽菱形；侧全裂片斜扇形。茎生叶类似于基生叶。花1—5朵生于茎顶；萼片5—8，黄色，阔倒卵形至狭倒卵形，或阔椭圆形；花瓣线状椭圆形。种子椭圆状球形，光滑。

地理分布： 台湾

生境： 生于河谷灌丛草地，高海拔山地冷杉林下

海拔： 3200—3900米

保育信息： 濒危

摄影： 杨中宇

尾囊草

Urophysa henryi (Oliv.) Ulbr.

重要特征

根状茎木质，粗壮。叶多数；叶片宽卵形，基部心形。花葶与叶近等长；聚伞花序长，通常有3花；萼片天蓝色或粉红白色，倒卵状椭圆形；花瓣长椭圆状船形，爪长1毫米。蓇葖果密生横脉，有短柔毛；种子狭肾形，密生小疣状突起。3—4月开花。

地理分布： 贵州、湖北、湖南、四川

生境： 生于山地岩石旁或陡崖上

海拔： 300—1100米

保育信息： 易危

摄影： 袁琼

距瓣尾囊草

Urophysa rockii Ulbr.

重要特征

多年生草本。根状茎粗壮。叶多数；叶片的轮廓卵形或宽卵形，长2.3—5.2厘米，3深裂，深裂片常具三圆齿。聚伞花序通常有1花；萼片天蓝色，倒卵形至宽椭圆形，连同爪共长约2厘米；花瓣船形，顶端钝，有距。种子椭圆形。3—4月开花，4月结果。

地理分布：四川
生境：生于溪边潮湿处
海拔：610—920米
保育信息：极危
摄影：童恬静；刘冰

莲科
Nelumbonaceae

莲
Nelumbo nucifera Gaertn.

重要特征

叶圆形，盾状，直径25—90厘米；花直径10—20厘米，美丽，芳香；花瓣红色、粉红色或白色，矩圆状椭圆形至倒卵形。坚果椭圆形或卵形，果皮革质；种子（莲子）卵形或椭圆形，种皮红色或白色。花期6—8月。

地理分布： 中国除了内蒙古、青海、西藏外均有分布；不丹、印度、印度尼西亚、日本、韩国、马来西亚、缅甸、尼泊尔、新几内亚、巴基斯坦、菲律宾、俄罗斯、斯里兰卡、泰国、越南、澳大利亚

生境： 生于池塘或水田内

海拔： 200—550米

保育信息： 国家保护Ⅱ级

摄影： 刘冰

山龙眼科

Proteaceae

林地山龙眼

Helicia silvicola W.W.Sm.

重要特征

乔木。嫩芽、小枝和花序轴均密被锈色绒毛。叶革质，倒披针形。总状花序，腋生；花淡黄色，子房无毛。果近球形，深绿色；果皮硬，革质。花期7—8月，果期10月至翌年4月。

地理分布： 云南

生境： 生于山地湿润阔叶林中

海拔： 1500—2100米

保育信息： 濒危

摄影： 刘冰

黄杨科
Buxaceae

毛枝黄杨
Buxus pubiramea Merr. & Chun

重要特征

灌木。枝、小枝、叶柄及叶中脉密被匀细短柔毛。叶厚革质，长圆状披针形，稀长圆形或倒卵形。花序腋生或顶生，花未见。蒴果长圆形。果期6—7月。

地理分布： 海南
生境： 生于山坡林下
海拔： 约700米
保育信息： 极危
摄影： 秦新生

芍药科
Paeoniaceae

大花黄牡丹
Paeonia ludlowii (Stern & G.Taylor) D.Y.Hong

重要特征

灌木。二回三出复叶；小叶近无柄，常3深裂至基部；顶端渐尖。单花顶生，近下垂。苞片4—5，披针形。萼片3—5，绿色，圆形，顶端圆、急尖或尾状。花瓣伸展，黄色，倒卵形，顶端圆。花盘黄色，具齿。种子深褐色，球形。花期5月，果期8月。

地理分布： 西藏

生境： 生于稀疏树林、灌木丛中

海拔： 2900—3500米

保育信息： 易危；国家保护Ⅱ级

摄影： 刘冰

草芍药

Paeonia obovata Maxim.

重要特征

多年生草本。茎下部叶为二回三出复叶；叶片倒卵形，基部楔形，全缘，顶端圆或急尖。单花顶生；萼片（2—）3（—4），不等大，先端常圆；花瓣4—7，倒卵形，白色、玫瑰色、粉红色、红色、紫红色，稀底部或边缘粉红色；花盘黄色，环形。花期5—6月，果期9月。

地理分布：安徽、甘肃、贵州、河北、黑龙江、河南、湖北、湖南、江西、吉林、辽宁、内蒙古、宁夏、青海、陕西、山西、四川、浙江；日本、韩国、俄罗斯

生境：生于落叶阔叶林、阔叶混交林、松柏林

海拔：200—2800米

保育信息：易危

摄影：刘冰

凤丹

Paeonia ostii T. Hong & J. X. Zhang

重要特征

灌木。二回三出复叶；叶片长卵形或卵形，无毛；顶生小叶3裂至中部，裂片2—3浅裂，裂片先端急尖。花单生枝顶；苞片5，长椭圆形，大小不等；萼片5，绿色，宽卵形，大小不等；花瓣5—11，倒卵形，顶端具不规则缺刻；花盘革质，杯状，紫红色，完全包住心皮。花期4—5月，果期8月。

地理分布：安徽
生境：生于峭壁
海拔：约300米
保育信息：易危
摄影：刘冰

蕈树科
Altingiaceae

海南蕈树
Altingia obovata Merr. & Chun

重要特征

乔木。叶片卵形或狭倒卵形，长5—11厘米；先端圆或钝，基部窄楔形；边缘有小钝齿。雄花花序椭圆形，常多个排成总状，苞片卵形。雌花序常单生于叶腋，有花16—28朵。头状果序近于圆球形，基底平截。花期3—6月，果期7—9月。

地理分布： 海南
生境： 生于山区常绿森林
海拔： 800—1400米
保育信息： 易危
摄影： 秦新生

半枫荷

Semiliquidambar cathayensis H.T.Chang

重要特征

乔木。叶异型，全缘叶：叶片椭圆形、卵状椭圆形、长圆形或卵状长圆形，革质；稍不等侧。裂叶：掌状3裂，两侧裂片卵状三角形。雌花的头状花序单生，球形。有蒴果22—28个。花期3—6月，果期7—9月。

地理分布： 福建、广东、广西、贵州、海南、江西

生境： 生于森林中

海拔： 约1000米

保育信息： 易危

摄影： 侯学良；许为斌

金缕梅科
Hamamelidaceae

山铜材
Chunia bucklandioides Hung.T.Chang

重要特征

乔木。叶片长10—15厘米，先端渐尖，基部微心形或平截。花先叶开放，被星状柔毛，通常顶端3—4朵花发育为果实；总花梗3—6厘米。花丝4—5毫米。果皮厚2—2.5毫米；种子黑褐色，有光泽。花期3—6月，果期7—9月。

地理分布：海南
生境：生于湿润山谷、雨林
海拔：300—600米
保育信息：濒危；国家保护Ⅱ级
摄影：秦新生

樟叶假蚊母树

Distyliopsis laurifolia (Hemsl.) P.K.Endress

重要特征

灌木。叶片卵形或狭卵形，背面被黄色星状绒毛，基部楔形或钝，边缘全缘或顶端具齿，顶端急尖或渐尖。花序苞片披针形；雄花无柄；两性花具柄，花杯被星状绒毛，小苞片近无毛。蒴果密被黄褐色长茸毛，顶端急尖，宿存花杯与蒴果近等长。花期4—6月，果期6—9月。

地理分布：贵州、云南

生境：生于森林

海拔：1300—1500米

保育信息：易危

摄影：刘冰

中华蚊母树

Distylium chinense (Franch. ex Hemsl.) Diels

重要特征

灌木；老枝无毛；芽体裸露，有柔毛。叶革质，椭圆形至倒披针形，两面无毛，全缘或靠近先端处有2—3个小锯齿，先端近急尖，基部阔楔形；叶柄密被鳞片。花的苞片卵形至披针形。蒴果裂为4爿，花柱宿存。花期4—6月，果期6—8月。

地理分布： 湖北、四川

生境： 生于湿地、河边

海拔： 1000—1300米

保育信息： 濒危

摄影： 刘冰

山白树

Sinowilsonia henryi Hemsl.

重要特征

灌木或小乔木。叶纸质或膜质，倒卵形，稀为椭圆形，长10—18厘米，先端急尖至短渐尖，稀为椭圆形，基部圆或微心形，稍不等侧。雌花穗状花序基部有1—2片叶子；苞片披针形，小苞片窄披针形。蒴果无柄，先端急尖，宿存萼筒与蒴果离生。花期3—5月，果期6—8月。

地理分布： 甘肃、河南、湖北、陕西、山西、四川

生境： 生于森林中

海拔： 800—1500米

保育信息： 易危

摄影： 刘冰

连香树科
Cercidiphyllaceae

连香树
Cercidiphyllum japonicum Siebold & Zucc. ex J.J.Hoffm. & J.H.Schult.bis

重要特征

乔木；小枝无毛。生短枝上的叶卵形至肾形，顶端圆，基部心形，边缘有圆锯齿。生长枝上的叶椭圆形、卵形或倒卵形，顶端尖，基部圆、截形或微楔形，边缘有锯齿。蓇葖果长圆形，褐色或黑色，花柱宿存；种子扁平，褐色，有翅。花期4月，果期8月。

地理分布：安徽、甘肃、贵州、河南、湖北、湖南、江西、陕西、山西、四川、云南、浙江；日本

生境：生于森林、河流边

海拔：600—2700米

保育信息：国家保护Ⅱ级

摄影：刘冰

鼠刺科
Iteaceae

秀丽鼠刺
Itea amoena Chun

重要特征

常绿小灌木。花枝细长，黄绿色，具纵条纹；果枝深褐色。叶薄革质，狭长披针形。总状花序顶生或腋生。花瓣白色，长圆状披针形；花药长圆形；子房半下位；柱头头状。蒴果近圆状锥形，无毛。花期6月，果期7—11月。

地理分布：广东、广西
生境：生于山地溪流边或荫湿山谷中
海拔：100—800米
保育信息：稀有
摄影：刘冰

茶藨子科
Grossulariaceae

东北茶藨子
Ribes mandshuricum (Maxim.) Kom.

重要特征

灌木。芽褐色，卵圆形或长圆形。叶基部心形，常掌状3（—5）裂，卵状三角形。总状花序，初直立后下垂，具花多达40—50朵。花两性；花瓣近匙形，浅黄绿色。果实球形，红色，被毛或无毛。花期4—6月，果期7—8月。

地理分布：甘肃、河北、黑龙江、河南、吉林、辽宁、内蒙古、山东、陕西、山西；朝鲜、俄罗斯

生境：生于山坡上、山谷针阔叶混交林下或杂木林内

海拔：300—1900米

保育信息：稀有

摄影：刘冰

虎耳草科
Saxifragaceae

独根草
Oresitrophe rupifraga Bunge

重要特征

多年生草本。叶2—3枚，叶片心形至卵形，背面和边缘被腺毛，基部心形，齿不规则，先部短渐尖。多歧聚伞花序，无总苞，密被腺毛，花朵数。萼片5—7，白色，花瓣状；无花瓣。花果期5—9月。

地理分布： 河北、辽宁、山西

生境： 生于山谷、悬崖之阴湿石隙

海拔： 600—2100米

保育信息： 易危

摄影： 刘冰

景天科
Crassulaceae

小丛红景天
Rhodiola dumulosa (Franch.) S.H.Fu

重要特征

多年生草本。根茎粗壮。花茎聚生主轴顶端，直立或弯曲。叶互生，线形至宽线形，无柄。花序聚伞状，有4—7花；种子长圆形，有微乳头状突起，有狭翅。花期6—7月，果期8月。

地理分布： 甘肃、河北、湖北、吉林、内蒙古、青海、陕西、山西、四川、云南；不丹、缅甸

生境： 生于山坡石上

海拔： 1600—4100米

保育信息： 曾被列为国家保护二批Ⅱ级

摄影： 刘冰

狭叶红景天

Rhodiola kirilowii (Regel) Maxim.

重要特征

多年生草本。根粗，直立。花茎少数，叶密生。叶互生或近轮生，线形至线状披针形。花序伞房状，有多花；雌雄异株或同株。蓇葖披针形；种子长圆状披针形。花期6—7月，果期7—8月。

地理分布： 甘肃、河北、青海、陕西、山西、四川、新疆、西藏、云南；哈萨克斯坦、缅甸

生境： 生于山地多石草地上或石坡上

海拔： 2000—5600米

保育信息： 曾被列为国家保护二批Ⅱ级

摄影： 刘冰

四裂红景天

Rhodiola quadrifida (Pall.) Fisch. & Mey.

重要特征

多年生草本。花茎细，直立，叶密生。叶互生，无柄，线形，全缘。伞房花序，花少数；花常4数，花瓣黄色。蓇葖披针形，直立，有先端反折的短喙，成熟时暗红色；种子褐色，有翅。花期5—6月。

地理分布： 新疆；哈萨克斯坦、蒙古、俄罗斯

生境： 生于沟边、山坡石缝中

海拔： 2300—3700米

保育信息： 国家保护Ⅱ级

摄影： 刘冰

红景天

Rhodiola rosea L.

重要特征

多年生草本。根粗壮，直立。主轴短粗，先端被鳞片。茎生叶疏生，长圆形至椭圆状倒披针形或长圆状宽卵形，无柄。花序伞房状或头状，密集多花；雌雄异株。蓇葖披针形或线状披针形；种子披针形，一侧有狭翅。花期4—8月，果期7—9月。

地理分布：甘肃、河北、吉林、山西、新疆；日本、哈萨克斯坦、韩国、蒙古、俄罗斯；欧洲、北美洲

生境：生于山坡林下或草坡上

海拔：1800—2700米

保育信息：易危；国家保护Ⅱ级

摄影：刘冰

绿花石莲

Sinocrassula indica var. *viridiflora* K.T.Fu

重要特征

一年生草本。基生叶莲座状，花茎直立，茎生叶互生，披针形、近倒卵形或卵圆形。花序圆锥状或伞房状。花瓣绿黄色，宽披针形至狭卵形。心皮卵形。种子光滑。花期7—10月。

地理分布：河南、陕西、四川

生境：生于河岸及山坡岩石上

海拔：500—1200米

保育信息：易危

摄影：刘冰

锁阳科
Cynomoriaceae

锁阳
Cynomorium songaricum Rupr.

重要特征

根寄生多年生肉质草本，全株红棕色，无叶绿素。茎圆柱形，肉质，分枝或不分枝，具螺旋状排列的脱落性鳞片叶。花杂性，极小，由多数雄花、雌花与两性花密集形成顶生的肉穗花序，花序中散生鳞片状叶；花被片通常4—6，少数1—3或7—8；雄花具1雄蕊和1密腺；雌花具1雌蕊，子房下位，1室，内具1顶生悬垂的胚珠；两性花具1雄蕊和1雌蕊。果为小坚果状。

地理分布：新疆、青海、甘肃、宁夏、内蒙古、陕西；蒙古、伊朗、阿富汗
生境：生于荒漠草原，草原化荒漠与荒漠地带的河边、湖边、池边等盐碱地区；常寄生于白刺、红砂、猪毛菜、怪柳等灌木的根上
海拔：500—700米
保育信息：易危；国家保护Ⅱ级
摄影：达来；杨永

蒺藜科
Zygophyllaceae

四合木
Tetraena mongolica Maxim.

重要特征

灌木，高40—80厘米。托叶卵形，膜质，白色；叶近无柄，老枝叶近簇生，当年枝叶对生；叶片倒披针形，先端锐尖，有短刺尖，两面密被伏生叉状毛，呈灰绿色，全缘。花单生于叶腋；萼片4，卵形，表面被叉状毛，呈灰绿色；花瓣4，白色。果4瓣裂。种子矩圆状卵形，表面被小疣状突起。花期5月至翌年1月，果期7—8月。

地理分布：内蒙古、宁夏

生境：生于草原化荒漠黄河阶地、低山山坡，常为建群种

海拔：1000—1500米

保育信息：易危；国家保护Ⅱ级

摄影：杨永

豆科
Fabaceae

顶果树
Acrocarpus fraxinifolius Wight & Arn.

重要特征

乔木。下部二回羽状复叶，羽片3—8对；上部一回羽状复叶；小叶4—8对，对生，近革质，卵形或卵状长圆形。总状花序腋生，具密集的花。荚果扁平，紫褐色，沿腹缝线具狭翅；种子14—18颗，淡褐色。

地理分布： 广西、云南；孟加拉国、不丹、印度、印度尼西亚、老挝、马来西亚、缅甸、尼泊尔、斯里兰卡、泰国

生境： 生于疏林中

海拔： 1000—1200米

保育信息： 易危

摄影： 宋柱秋

沙冬青

Ammopiptanthus mongolicus (Maxim) S.H.Cheng

重要特征

常绿灌木。1—3小叶，密被灰白色短柔毛；托叶小，三角形或三角状披针形，贴生叶柄，被银白色绒毛；小叶菱状椭圆形或阔披针形，两面密被银白色绒毛。总状花序顶生枝端，花互生，4—15朵密集；苞片卵形；花冠黄色，花瓣具长瓣柄。荚果扁平，线形，先端锐尖。种子2—5粒，种子圆肾形。花期4—6月，果期5—8月。

地理分布： 内蒙古、宁夏、甘肃；蒙古

生境： 生于贺兰山低山及戈壁滩沙丘、河滩边

海拔： 1000—1600米

保育信息： 易危；国家保护Ⅱ级

摄影： 杨永

锈毛两型豆

Amphicarpaea ferruginea Benth.

重要特征

多年生草本。茎粗壮。叶具羽状3小叶；托叶长圆形至长卵形；小叶纸质或厚纸质。总状花序被毛；花常2—5朵聚生，苞片椭圆形，花冠紫红色。荚果椭圆形，略膨胀，被黄褐色柔毛，先端具喙，基部渐狭成果颈；种子1—3颗，肾形，黑褐色。花期6—7月，果期8—10月。

地理分布：四川、云南
生境：常生于山坡林下
海拔：2300—3000米
保育信息：稀有
摄影：刘冰

坛腺棋子豆

Archidendron chevalieri (Kosterm.) I.C.Nielsen

重要特征

小乔木，高达10米；小枝灰色。二回羽状复叶；总叶柄长1—4厘米；羽片1—2对；羽片小叶2对，对生，椭圆形，侧脉3—4对。花白色，芳香，无梗，10—20朵聚成头状。荚果圆柱形；种子1—4颗。花期5月，果期7月。

地理分布： 广西；越南
生境： 生于潮湿密林
海拔： 1700米以下
保育信息： 稀有
摄影： 刘冰

边向花黄芪

Astragalus moellendorffii Bunge ex Maxim.

重要特征

多年生草本。根粗壮。茎直立。羽状复叶有5—9片小叶。总状花序腋生，生10余花；苞片卵状披针形；花冠紫红色，旗瓣匙形，翼瓣长圆形。荚果卵状披针形，密被棕色短柔毛。花期6—7月，果期8—9月。

地理分布： 甘肃、河北、宁夏、山西

生境： 生于潮湿处或急流溪旁

海拔： 1800—2600米

保育信息： 濒危

摄影： 刘冰

密花鸡血藤

Callerya congestiflora (T. C. Chen) Z.Wei & Pedley

重要特征

藤本。茎皮黄褐色。羽状复叶，叶片纸质，阔椭圆形至阔卵形。圆锥花序，花单生，密集；花冠白色至红色。荚果线形，扁平，密被褐色绢状绒毛，有种子3—6粒；种子栗褐色，长圆形。花期6—8月，果期9—10月。

地理分布：安徽、江西、湖北、湖南、广东、四川

生境：生于山地杂木林中

海拔：500—1200米

保育信息：特有

摄影：侯学良

黄山紫荆

Cercis chingii Chun

重要特征

灌木。叶近革质，卵圆形或肾形，近革质，主脉5条。花数朵簇生于老枝上。荚果厚革质，无翅和果颈，坚硬，果瓣二瓣裂，扭曲。种子3—6枚，嵌入一厚而微白（干后呈棕褐色）之海绵状组织内。花期2—3月，果期9—10月。

地理分布： 安徽、广东、浙江
生境： 生于低海拔山地疏林灌丛
海拔： 500米以下
保育信息： 濒危
摄影： 李世晋

秧青

Dalbergia assamica Benth.

重要特征

乔木，具平展的分枝。羽状复叶；小叶6—10对，纸质，长圆形或长圆状椭圆形；托叶大，叶状，卵形至卵状披针形。圆锥花序腋生；花萼钟状；花冠白色，内面有紫色条纹。荚果阔舌状，长圆形至带状，果瓣革质，有种子1—2（—4）粒；种子肾形。花期4—7月，果期9—12月。

地理分布：福建、广东、广西、贵州、海南、四川、云南、浙江；印度、老挝、缅甸、泰国、越南

生境：生于山地疏林、河边或村旁旷野

海拔：300—1700米

保育信息：濒危；CITES附录Ⅱ

摄影：李世晋

滇南黄檀

Dalbergia kingiana Prain

重要特征

灌木。枝密布皮孔。羽状复叶，小叶7—9，革质，卵状披针形。圆锥花序腋生，短；花萼钟状；花冠白色，花瓣具长柄，旗瓣圆形，翼瓣椭圆，龙骨瓣半月形；子房具长柄，长圆形，有胚珠2粒。

地理分布：云南
生境：生于山地
海拔：约1300米
保育信息：易危；CITES附录Ⅱ
摄影：李世晋

降香黄檀

Dalbergia odorifera T.C.Chen

重要特征

乔木，树皮褐色。羽状复叶，小叶（7—）9—11（—13），近革质，卵形或椭圆形。圆锥花序腋生；花冠乳白色或淡黄色，各瓣近等长。荚果舌状长圆形，果瓣革质，有种子1—2粒。花期4—6月，果期7—12月。

地理分布： 福建、海南、浙江

生境： 生于中海拔有山坡的疏林中、林缘或旷地上

海拔： 100—500米

保育信息： 极危；国家保护Ⅱ级；CITES附录Ⅱ

摄影： 李世晋

多体蕊黄檀

Dalbergia polyadelpha Prain

重要特征

乔木。小叶（7—）9（或11—13），纸质，卵形至卵状披针形。圆锥花序腋生或腋下生，呈聚伞花序状，花密集。花萼钟状，花瓣白色。荚果长圆形至带状，果瓣革质，种子1—2粒；种子肾形至肾状长圆形，有光泽。花期3月，果期4—5月。

地理分布： 广西、贵州、云南；越南

生境： 生于山坡密林或灌丛中

海拔： 1000—2000米

保育信息： 易危；CITES附录Ⅱ

摄影： 李世晋

红果黄檀

Dalbergia tsoi Merr. & Chun

重要特征

木质藤本。羽状复叶，小叶17—27，椭圆形至长圆形。圆锥花序腋生，分支少，伞房状。花小，花萼钟状。荚果长圆形或带状，扁平，果瓣革质，有种子1—2粒；种子肾形，扁平。花期4月，果期7—12月。

地理分布： 海南

生境： 生于山谷疏林或密林中

海拔： 100—900米

保育信息： 易危；CITES附录Ⅱ

摄影： 李世晋

榼藤

Entada phaseoloides (L.) Merr.

重要特征

常绿木质大藤本。二回羽状复叶，羽片1—2对，顶生1对羽片变为卷须；小叶2—4对，对生，革质，长椭圆形或长倒卵形。穗状花序；花白色，略有香味。荚果长达1米，木质，成熟时逐节脱落，每节内有1粒种子；种子近圆形。花期3—6月，果期8—11月。

地理分布：福建、广东、广西、海南、台湾、西藏、云南；亚洲热带地区和亚热带地区、澳大利亚热带地区

生境：生于山涧或山坡混交林中，攀援于大乔木上

海拔：200—1300米

保育信息：濒危

摄影：侯学良

格木

Erythrophleum fordii Oliv.

重要特征

乔木。叶互生，二回羽状复叶；羽片通常3对，对生或近对生，每羽片有小叶8—12片；小叶互生，卵形或卵状椭圆形。由穗状花序所排成的圆锥花序；萼钟状；花瓣淡黄绿色。荚果长圆形，扁平，厚革质；种子长圆形，种皮黑褐色。花期5—6月，果期8—10月。

地理分布：福建、广东、广西、台湾、浙江；越南

生境：生于山地密林或疏林中

海拔：700米以下

保育信息：易危；国家保护Ⅱ级

摄影：宋柱秋；于胜祥

甘草

Glycyrrhiza uralensis Fisch. ex DC.

重要特征

多年生草本。小叶5—17；托叶三角状披针形；小叶卵形、狭卵形或圆形，基部圆，全缘或波状，先端钝，具尖头。花序总状，小花数朵；苞片褐色，长圆状披针形。花萼钟状，5齿；上2齿大部合生。花冠紫色、白色或黄色。荚果镰状至弯曲成环状。花期6—8月，果期7—10月。

地理分布：甘肃、河北、黑龙江、辽宁、内蒙古、宁夏、青海、陕西、山东、山西、新疆；阿富汗、哈萨克斯坦、吉尔吉斯斯坦、蒙古、巴基斯坦、俄罗斯、塔吉克斯坦

生境：常生于干旱沙地、河岸沙质地、山坡草地及盐渍化土壤中

海拔：400—2700 米

保育信息：国家保护Ⅱ级；《国家重点保护野生药材特色名录》Ⅱ级

摄影：达来

闽藜豆

Mucuna cyclocarpa **F.P.Metcalf**

重要特征

木质藤本。羽状复叶具3小叶，小叶薄纸质，顶生小叶卵形或三角状心形。花序生老茎上。花萼外面密被短硬毛。果革质，长圆状带形；种子通常5颗，黑色或褐色，近球形。

地理分布： 福建、江西
生境： 攀援在岩石、树木上
海拔： 约1200米
保育信息： 稀有
摄影： 侯学良

光叶红豆

Ormosia glaberrima Y.C.Wu

重要特征

常绿乔木；树皮灰绿色。奇数羽状复叶；小叶（3—）5—7，革质，卵形或椭圆状披针形。圆锥花序顶生或腋生。荚果扁平，椭圆形或长椭圆形，果瓣黑色，木质，有种子1—4粒；种子扁圆形或长圆形，种皮鲜红色，有光泽。花期6月，果期10月。

地理分布： 广东、广西、海南、湖南、江西

生境： 生于稍湿或干燥的山地、沟谷疏林中

海拔： 200—800米

保育信息： 易危；国家保护Ⅱ级

摄影： 陈炳辉；宋柱秋

花榈木

Ormosia henryi Prain

重要特征

常绿乔木；树皮灰绿色。奇数羽状复叶；小叶（3—）5—7，革质，椭圆形或长圆状椭圆形。圆锥花序顶生，或总状花序腋生；花冠中央淡绿色，边缘绿色微带淡紫，花药淡灰紫色。荚果扁平，长椭圆形，果瓣革质，紫褐色，种子4—8粒；种子椭圆形或卵形，种皮鲜红色，有光泽。花期7—8月，果期10—11月。

地理分布： 安徽、广东、贵州、湖北、湖南、江西、四川、云南、浙江

生境： 生于山坡、溪谷两旁的杂木林内

海拔： 100—1300米

保育信息： 易危；国家保护Ⅱ级

摄影： 李世晋

云南红豆

Ormosia yunnanensis Prain

重要特征

常绿乔木。小枝、芽密被锈褐色茸毛。奇数羽状复叶；小叶（7—）9—13（—15），对生或枝顶互生，革质，长椭圆形、长椭圆状披针形，稀倒卵状长椭圆形。圆锥花序顶生或腋生，密集；花冠粉红色或橙红色。荚果偏斜，倒卵形或长圆形，具1—3粒种子。种子卵形或扁圆形，种皮鲜红色。花期3月，果期10月。

地理分布：云南

生境：生于平原、沟底、山坡混交林内

海拔：500—1700米

保育信息：极危；国家保护Ⅱ级

摄影：李世晋

窄膜棘豆

Oxytropis moellendorffii Maxim.

重要特征

多年生草本。复叶5—10厘米；小叶13—21片，披针形或狭披针形。3—5花组成近伞形总状花序；萼筒管状，花冠紫色。荚果长圆形，无柄，膜质。花期6—7月，果期7—8月。

地理分布： 北京、河北、山西

生境： 生于山坡路旁或山顶阳坡岩石上

海拔： 2400—3400米

保育信息： 稀有

摄影： 刘冰

中国无忧花

Saraca dives Pierre

重要特征

乔木。偶数羽状复叶，叶有小叶5—6对，下垂；小叶近革质，长椭圆形、卵状披针形或长倒卵形。花序腋生，大型。花单性，同株或异株，黄色。荚果棕褐色，扁平，果瓣卷曲；种子5—9颗，不等大，扁平。花期4—5月，果期7—10月。

地理分布：广东、广西、云南；老挝、越南

生境：生于密林或疏林中，常见于河流或溪谷两旁

海拔：200—1000米

保育信息：易危

摄影：李世晋；宋柱秋

越南槐

Sophora tonkinensis Gagnep.

重要特征

灌木，茎纤细。羽状复叶；小叶11—33（—39），革质或近革质，对生或近互生，椭圆形、长圆形或卵状长圆形。总状花序或基部分枝近圆锥状，顶生；花冠黄色或深紫色。荚果串珠状，稍扭曲，沿缝线开裂成2瓣，有种子1—3粒；种子卵形，黑色。花期5—7月，果期8—12月。

地理分布：广西、贵州、云南；越南

生境：生于亚热带、温带的石山或石灰岩山地的灌木林中

海拔：1000—2000米

保育信息：易危，国家保护Ⅱ级

摄影：刘冰

三叉刺

Trifidacanthus unifoliolatus Merr.

重要特征

直立多分枝小灌木，具三叉的锐刺。叶互生；托叶卵状披针形；小叶1，近革质，椭圆形、长圆状椭圆形至线状长圆形。总状花序；花冠紫色。荚果径直，扁平而薄。花期4—7月，果期9—10月。

地理分布：海南；印度尼西亚、菲律宾、越南
生境：生于稀树干草原中的干生灌丛中或河旁疏林中
海拔：约200米
保育信息：稀有
摄影：秦新生

任公豆

Zenia insignis Chun

重要特征

乔木。叶片长圆状披针形，薄革质。圆锥花序顶生。花红色，萼片长圆形。荚果红棕色，长圆形或椭圆状长圆形；种子棕褐色，光滑，有光泽，珠柄丝状。花期5月，果期6—8月。

地理分布： 广东、广西、云南；越南

生境： 生长山地密林或疏林中

海拔： 200—1000米

保育信息： 易危

摄影： 李世晋

远志科
Polygalaceae

海南远志
Polygala hainanensis Chun & F.C.How

重要特征

亚灌木。叶片薄纸质，椭圆状长圆形或披针形，绿色。总状花序顶生，花密集；花瓣3，白色、玫瑰红或紫色。蒴果近圆形，绿色，顶端微缺，具翅，翅具横脉；种子卵形，黑色，被白色柔毛，种阜头巾状，膜质。花期4—11月，果期8—10月。

地理分布： 海南
生境： 生于常绿阔叶林内
海拔： 300—900米
保育信息： 稀有
摄影： 秦新生

粗毛海南远志

Polygala hainanensis var. *strigosa* Chun & F.C.How

重要特征

亚灌木。单叶互生，叶片薄纸质，椭圆状长圆形或披针形，绿色，叶片两面均密被粗伏毛，上面尤密。总状花序顶生，花密集；花瓣3，白色、玫瑰红或紫色。蒴果近圆形，绿色，顶端微缺，具翅，翅具横脉；种子卵形，黑色，被白色柔毛，种阜头巾状，膜质。花果期10—11月。

地理分布：海南

生境：生于山谷林下

海拔：300—500米

保育信息：稀有

摄影：秦新生

红花远志

Polygala tricholopha Chodat

重要特征

攀援状灌木。叶片亮绿无毛，纸质至近革质。大型圆锥花序顶生。萼片5，具缘毛，花后早落，外面3枚小，不等大，上面1枚囊状，两侧2枚肾形，内萼片2枚，花瓣状，紫红色；花瓣黄色，侧生花瓣内侧基部具1簇白色柔毛；蒴果阔椭圆形或肾形，具阔翅。种子黑色，无毛，距状。花期7—8月，果期8—9月。

地理分布： 广西、海南、云南；印度、老挝、泰国、越南

生境： 生于山坡丛林中或林缘

海拔： 300—1700米

保育信息： 稀有

摄影： 秦新生

蔷薇科
Rosaceae

甘肃桃
Amygdalus kansuensis Rehder

重要特征

乔木或灌木。冬芽无毛。叶片卵状披针形或披针形。花单生，先于叶开放。果实卵圆形或近球形，熟时淡黄色，外面密被短柔毛；中果皮肉质，熟时不开裂；核近球形，两侧明显，扁平。花期3—4月，果期8—9月。

地理分布： 甘肃、湖北、青海、陕西、四川

生境： 生于山地

海拔： 1000—2300米

保育信息： 国家保护Ⅱ级

摄影： 刘冰

光核桃

Amygdalus mira Koehne

重要特征

乔木。叶片披针形或卵状披针形。花单生，先于叶开放；萼筒钟形，紫褐色。花粉色。果实近球形，肉质，不开裂；核扁卵圆形，两侧稍压扁，顶端急尖，基部近截形，表面光滑。花期3—4月，果期8—9月。

地理分布： 四川、西藏、云南；俄罗斯

生境： 生于山坡杂木林中或山谷沟边

海拔： 2000—4000米

保育信息： 稀有；国家保护Ⅱ级

摄影： 刘冰

蒙古扁桃

***Amygdalus mongolica* Maxim.**

重要特征

灌木。短枝叶簇生，当年枝上叶互生；叶片阔椭圆形、近圆形或倒卵形，两面无毛，基部楔形，边缘有浅钝锯齿，先端钝，有时具尖头。花单生，稀数朵簇生于短枝上。隐头花序钟状。萼片长圆形。花瓣粉色，倒卵形。核果阔圆球形，先端急尖。种子浅棕色，宽扁圆形。花期5—6月，果期8—9月。

地理分布： 内蒙古、甘肃、宁夏；蒙古

生境： 生于荒漠区和荒漠草原区的低山丘陵坡麓、石质坡地及干河床

海拔： 1000—2400米

保育信息： 易危；国家保护Ⅱ级

摄影： 杨永

齿叶白鹃梅

Exochorda serratifolia S.Moore

重要特征

落叶灌木。冬芽卵形。叶片椭圆形或长圆倒卵形。总状花序，有花4—7朵，总梗和花梗无毛；萼筒钟状，萼片三角形；花瓣长圆形至倒卵形，白色；雄蕊2—4簇。蒴果无毛。花期5—6月，果期7—8月。

地理分布： 河北、辽宁；韩国

生境： 生于山坡、河边、灌木丛中

海拔： 200—1500米

保育信息： 易危

摄影： 刘冰

沧江海棠

Malus ombrophila Hand.-Mazz.

重要特征

乔木；冬芽卵形，暗紫色。叶片卵形。伞形总状花序，含4—13朵花；苞片早落，线形或披针形，膜质；萼筒钟状；萼片三角形；花白色，卵形。果实近球形，萼片宿存；果梗有长柔毛。花期6月，果期8月。

地理分布：四川、西藏、云南

生境：生于山谷沟边杂木林中

海拔：2000—3500米

保育信息：稀有

摄影：刘冰

新疆野苹果

Malus sieversii (Ledeb.) M.Roem.

重要特征

乔木；冬芽卵形，红色。叶片卵形或宽椭圆形，稀倒卵形。花序近伞形，具花3—6朵。苞片膜质，线形披针形，早落。萼筒钟状，花梗密被白色绒毛。花瓣倒卵形，粉色，含苞未放时带玫瑰紫色。果实黄绿色或紫红色，球形或扁球形，萼片宿存。花期5月，果期8—10月。

地理分布：新疆；哈萨克斯坦、俄罗斯
生境：山顶、山坡或河谷地带，有大面积野生林
海拔：1200—1300米
保育信息：国家保护Ⅱ级
摄影：刘冰

风箱果

Physocarpus amurensis (Maxim.) Maxim.

重要特征

灌木；冬芽卵形。叶片三角卵形至宽卵形，常基部3裂或5裂。伞形花序，花多数；萼片三角形，全缘；花瓣倒卵形，白色；雄蕊20—30；心皮2—4。种子2—5枚。花期6月，果期7—8月。

地理分布：河北、黑龙江；朝鲜、俄罗斯
生境：生山沟中，阔叶林边，常丛生
海拔：100—1500米
保育信息：易危
摄影：刘冰

绵刺

Potaninia mongolica Maxim.

重要特征

小灌木。茎灰棕色。小叶片基部渐狭，全缘，先端急尖。花梗长3—5毫米；苞片卵形，长1毫米。萼片先端急尖。花瓣白色或淡粉红色。瘦果浅黄色，外有宿存萼筒。花期6—9月，果期8—10月。

地理分布： 内蒙古；蒙古

生境： 生在砂质荒漠中

海拔： 1000—1400米

保育信息： 易危；国家保护Ⅰ级

摄影： 杨永

玫瑰

Rosa rugosa Thunb.

重要特征

灌木；茎粗壮，丛生，有皮刺。小叶5—7（—9），小叶片椭圆形或椭圆状倒卵形。花单生或簇生、腋生。花瓣倒卵形，重瓣至半重瓣，芳香，紫红色至白色；花柱离生。果扁球形，砖红色，肉质，萼片宿存，竖立。花期5—6月，果期8—9月。

地理分布： 原产于吉林、辽宁、山东，全国栽培；日本、韩国、俄罗斯

生境： 滨海沙地、滩涂岛屿

海拔： 1000米以下

保育信息： 濒危；国家保护Ⅱ级

摄影： 刘冰

太行花

Taihangia rupestris T.T.Yu & C.L.Li

重要特征

多年生草本，花雄性和两性同株或异株。根茎粗壮。基生叶为单叶，稀有时叶柄上部有1-2极小的裂片，卵形或椭圆形。花单生于花序顶端，稀2朵；花序有少数苞片，苞片3裂。花瓣白色。瘦果，被疏柔毛。花果期5—8月。

地理分布： 河北、河南

生境： 生阴坡山崖石壁上

海拔： 1000—1200米

保育信息： 濒危；国家保护Ⅱ级

摄影： 刘冰

缘毛太行花

Taihangia rupestris var. *ciliata* T.T.Yu & C.L.Li

重要特征

多年生草本，花雄性和两性同株或异株。根茎粗壮。叶片呈心状卵形，稀三角卵形，大多数基部呈微心形，边缘锯齿常较多而深，稀有时微浅裂，显著具缘毛，叶柄显著被疏柔毛。花期5—6月。

地理分布：河北
生境：生于阴坡山崖石壁上
海拔：1000—1200米
保育信息：极危；极小种群
摄影：刘冰

胡颓子科
Elaeagnaceae

翅果油树
Elaeagnus mollis Diels

重要特征

落叶直立乔木或灌木。叶纸质，卵形或卵状椭圆形。花灰绿色，下垂，芳香，密被灰白色星状绒毛；萼筒钟状，裂片近三角形或近披针形。果实近圆形或阔椭圆形，具明显的8棱脊，翅状。花期4—5月，果期8—9月。

地理分布：陕西、山西

生境：生于阳坡、半阴坡的山沟谷地和潮湿地区

海拔：700—1300米

保育信息：濒危；国家保护Ⅱ级

摄影：刘冰

鼠李科
Rhamnaceae

亮叶雀梅藤
Sageretia lucida Merr.

重要特征

藤状灌木，无刺。叶薄革质，互生或近对生，卵状矩圆形或卵状椭圆形。腋生短穗状花序，稀下部分枝成穗状圆锥花序。核果较大，椭圆状卵形，成熟时红色。花期4—7月，果期11—12月。

地理分布： 福建、广东、广西、海南、江西、云南、浙江；印度、印度尼西亚、尼泊尔、斯里兰卡、越南
生境： 生于山谷疏林中
海拔： 300—800米
保育信息： 易危
摄影： 侯学良

榆科
Ulmaceae

脱皮榆
Ulmus lamellosa C.Wang & S.L.Chang

重要特征

落叶乔木；树皮灰色或灰白色，不断地裂成不规则薄片脱落。冬芽卵圆形或近圆形。托叶线形至披针形，被毛，早落。叶倒卵形，先端尾尖或骤凸，基部稍偏斜，边缘兼有单锯齿与重锯齿。花被钟状，裂片6，被毛。翅果常散生于新枝的近基部，圆形至近圆形，有密毛，顶端凹。花被宿存。花期3—4月，果期4—5月。

地理分布：河北、河南、内蒙古、山西

生境：生于山沟

海拔：约1200米

保育信息：易危

摄影：刘冰

大叶榉树

Zelkova schneideriana Hand.-Mazz.

重要特征

乔木，高可达35米；幼枝密被灰白色柔毛。叶卵形至椭圆状披针形，长3—10厘米，基部稍偏斜，叶面绿，被糙毛，叶背密被柔毛，边缘具圆齿状锯齿；叶柄粗短，被柔毛。核果几乎无梗，淡绿色，斜卵状圆锥形，上面偏斜，凹陷，具背腹脊，网肋明显，表面被柔毛。花期4月，果期9—11月。

地理分布： 安徽、福建、甘肃、广东、广西、贵州、河南、湖北、湖南、江苏、江西、陕西、四川、西藏、云南、浙江

生境： 生于溪边

海拔： 200—2800米

保育信息： 国家保护Ⅱ级

摄影： 刘冰

桑科
Moraceae

白桂木
Artocarpus hypargyreus Hance ex Benth.

重要特征

乔木；树皮深紫色，片状剥落。叶互生，革质，椭圆形至倒卵形，长8—15厘米，先端渐尖至短渐尖，基部楔形，全缘；托叶线形，早落。花序单生叶腋。雄花序椭圆形至倒卵圆形；雄花花被4裂，裂片匙形，与盾形苞片紧贴。聚花果近球形，浅黄色至金黄色，具乳突。花期春夏。

地理分布： 福建、广东、广西、海南、湖南、江西、云南

生境： 生于常绿阔叶林

海拔： 100—1700米

保育信息： 濒危

摄影： 侯学良

桂木

Artocarpus Parvus Gapnep.

重要特征

乔木；树皮黑褐色，纵裂。叶互生，薄革质，长圆状椭圆形至倒卵椭圆形，长7—15厘米，先端短尖或具短尾，基部楔形或近圆形，两面均无毛。雄花序头状，倒卵圆形至长圆形，萼片2—4裂，基部合生；雌花序近头状，花被管状，花柱伸出苞片外。聚花果近球形，成熟时红色。

地理分布： 广东、广西、海南、湖南、云南

生境： 生于混交林

海拔： 1200米以下

保育信息： 稀有

摄影： 秦新生

龙州榕

Ficus cardiophylla Merr.

重要特征

乔木或灌木。叶近革质，卵形至心形，全缘，先端急尖或渐尖，基部圆形至近心形；叶柄顶端有关节。榕果单生或成对腋生，球形，光滑，无总梗，顶部不下陷；总苞片圆形至肾形。雄花、雌花、瘿花同生于一榕果内；雄花花被片3—4，披针形，边缘有锯齿；瘿花和雌花花被片3—4。花期5—7月。

地理分布：广西；越南

生境：生于阔叶林、林缘、石灰土、山谷

海拔：120—450米

保育信息：濒危

摄影：刘冰

森林榕

Ficus neriifolia Sm.

重要特征

乔木。托叶披针形，无毛。叶片椭圆形、卵形、卵状椭圆形或卵状披针形，不对称，8—18厘米，近革质，两面无毛，背面密被钟乳体，全缘，顶端渐尖至心形，基部截形至圆。无花果成对腋生，狭圆柱形、卵形、球形或近球形，顶部脐状，无柄；总苞片卵形，基部合生。雄花花萼裂片3—4，卵状披针形；瘿花和雌花花萼裂片3—4。花果期10月至翌年4月。

地理分布： 西藏、云南；不丹、印度、缅甸、尼泊尔

生境： 生于常绿阔叶林

海拔： 1700—2900米

保育信息： 易危

摄影： 刘冰

楔叶榕

Ficus trivia Corner

重要特征

灌木或小乔木。叶纸质，椭圆形、卵状椭圆形、倒卵形、狭倒卵形或菱状卵形，长6—16厘米，背面具钟乳体，先端急尖或渐尖，基部楔形至圆，全缘；托叶卵状披针形。榕果成熟时红色至紫色，近球形，无毛，顶部脐状突起，基生苞片三角状卵形；雄花具柄，花被片4；瘿花、雌花花被片4。花期9月至翌年4月，果期5—8月。

地理分布： 广东、广西、贵州、云南；越南

生境： 生于溪边

海拔： 2500米以下

保育信息： 易危

摄影： 刘冰

平塘榕

Ficus tuphapensis Drake

重要特征

直立灌木。叶螺旋状排列，近革质，长椭圆形，长6—14厘米，顶端急尖或圆钝，基部钝或圆，全缘；托叶披针形，早落。榕果球形，腋生，无总梗，直径1—2厘米，成熟时黄色，基生苞片3，广卵形；雄花具柄，花被片4，褐色，近匙形；瘿花花被片4；雌花花被片3—4，近匙形。瘦果卵状椭圆形，光滑，宿存花柱侧生。花期3—4月，果期5月。

地理分布：贵州、广西、海南、云南；越南
生境：生于灌丛、山地
海拔：420米以下
保育信息：稀有
摄影：秦新生

荨麻科
Urticaceae

舌柱麻
Archiboehmeria atrata (Gagnep.) C.J.Chen

重要特征

灌木或半灌木。叶膜质或近膜质，卵形至披针形，长（4—）7—18厘米，先端尾状渐尖，基部圆形，或突然收缩呈宽楔形，稀近截形或浅心形，边缘有粗锯齿或圆锯齿；托叶2裂，披针形。花序四至六回二歧聚伞状分枝。雄花具花梗，外被微柔毛；雌花无梗，外面疏短粗毛。瘦果淡绿色，有疣状突起。花期5—8月，果期8—10月。

地理分布：广东、广西、海南、湖南；越南

生境：生于森林半阴湿润处，石缝中

海拔：300—1500米

保育信息：易危

摄影：刘冰

镜面草

Pilea peperomioides Diels

重要特征

多年生草本，具根状茎。叶痕明显，半圆形。叶片螺旋状对生；托叶宿存，三角状卵形。叶片近圆形，盾状，基部圆或微凹，顶端圆或钝。花序单生。上部节间雄花序聚伞圆锥状，苞片披针形。雄花紫色；花被片4，倒卵形。雌花花被片不等大，最大的一枚船形。瘦果阔卵形，具疣，被宿存花被包围。花期4—7月，果期7—9月。

地理分布：四川、云南

生境：生于森林荫蔽湿润的岩石上

海拔：1500—3000米

保育信息：濒危

摄影：刘冰

壳斗科
Fagaceae

上思青冈
Quercus delicatula Chun & Tsiang

重要特征

乔木。叶片纸质，卵形、长椭圆形，有时倒卵状椭圆形，长6—9厘米，顶端尾尖，基部楔形。果序长约1厘米，着生1—2果。壳斗杯形，包着坚果1/3，被灰褐色毛。坚果椭圆形，直径1.5厘米，高2—2.5厘米，两端均圆形，果脐凸，直径约5毫米。花期4—5月，果期10—11月。

地理分布： 广东、广西、海南
生境： 生于山地混交林
海拔： 300—700米
保育信息： 极危
摄影： 刘冰

槟榔柯

Lithocarpus areca (Hickel & A.Camus) A.Camus

重要特征

乔木。叶片纸质，倒披针形或狭长圆形，长13—25厘米，两面同色。雄穗状花序腋生，单穗，稀成圆锥状；雌花序常雌雄同序，雌花生于花序轴下部；雌花每3—5朵一簇，通常1花结实；壳斗盘状；苞片线状。坚果椭圆形或长圆锥形，顶端平，具3纵脊，果脐凹。花期10月，果次年11月成熟。

地理分布： 广西、云南；越南

生境： 生于常绿阔叶林

海拔： 800—1500米

保育信息： 易危

摄影： 刘冰

胡桃科
Juglandaceae

胡桃
Juglans regia L.

重要特征
乔木。奇数羽状复叶长25—30厘米；小叶通常5—9枚，稀3枚，椭圆状卵形至长椭圆形，顶端钝圆或急尖，短渐尖，基部歪斜，近于圆形，边缘全缘或在幼树上者具稀疏细锯齿。果序具1—3果实；果实近于球状。花期4—5月，果期10月。

地理分布： 中国中部、东部、西北部、西南部；亚洲西南部至喜马拉雅山，欧洲东南部

生境： 生于山坡上

海拔： 500—1800（—4000）米

保育信息： 易危

摄影： 刘冰

马尾树

Rhoiptelea chiliantha Diels & Hand.-Mazz.

重要特征

乔木。托叶叶状，无柄。单数羽状复叶，互生，叶片长15—30（—40）厘米。叶轴有沟。小叶（7或）9或11（或13），侧生小叶长圆状披针形，末端小叶披针形。小坚果成熟时棕黄色，倒梨形，略扁，有灰褐色腺点，每侧4棱；翅圆至椭圆形。种子肉质，椭圆形。花期10月至翌年1月，果期7—8月。

地理分布：广西、贵州、云南；越南

生境：生于小山坡、山谷、溪边树林里

海拔：700—2500米

保育信息：稀有；曾被列为1999版国家保护一批Ⅱ级

摄影：刘冰；郭志友

葫芦科
Cucurbitaceae

金瓜
Trichosanthes costata Blume

重要特征

多年生。叶片膜质，卵状心形，五角形或3—5裂，中间裂片较大，三角形，先端渐尖，基部心形。雌雄同株。雄花单生或3—8朵生于总状花序上，苞片叶状，3裂，苞片被黄褐色长柔毛；花萼筒管状，裂片条形；花冠白色，裂片长圆状卵形。雌花单生。果实长圆状卵形，橙色，具10条纵肋，两端急尖。花期7—9月，果期9—12月。

地理分布： 云南、广西、广东、海南；不丹、印度、印度尼西亚、马来西亚、缅甸、尼泊尔、菲律宾、泰国、越南

生境： 生于山坡上的森林和草地里

海拔： 400—900米

保育信息： 易危

摄影： 刘冰

秋海棠科
Begoniaceae

昌感秋海棠
Begonia cavaleriei H.Lév.

重要特征

草本。叶基生；叶片厚纸质，无毛，卵形至宽椭圆形，先端渐尖至尾尖，边缘浅波状。花序无毛，苞片肾形至扇形；雄花：花梗无毛；花被片4，白色至粉色，外面2枚宽卵形至卵形，内面2枚长圆形；雌花：花被片3，外面2枚宽卵形或近圆形，内面1枚长圆形。蒴果下垂，长圆形，具不等3翅，近轴翅大，新月形。花期5—7月，果期7月。

地理分布：广西、贵州、云南；越南

生境：生于森林中、石灰岩上

海拔：700—1300（—1800）米

保育信息：稀有

摄影：刘冰

册亨秋海棠

Begonia cehengensis T.C.Ku

重要特征

草本。茎近无毛。叶通常茎生，纸质，宽卵形或近圆形，先端急尖，边缘有不等浅圆钝之齿。花序有花2—4朵；苞片膜质，披针形，早落；雄花花被片2，扁卵形；雌花花被片2，两片不等大，一片半卵形，一片宽卵形。蒴果下垂，倒卵球形，具3近等大之翅，翅偏三角形。花期8月，果期9月。

地理分布：贵州

生境：生于林下阴湿处

海拔：700—800米

保育信息：易危

摄影：刘冰

海南秋海棠

Begonia hainanensis Chun & F.Chun

重要特征

草本，平卧。茎被毛。叶茎生，托叶长圆状披针形；叶片轮廓椭圆状长圆形，稍不对称，长5—10厘米，先端渐尖，基部偏斜，圆形，边缘有小齿，上面无毛，下面有小淡色乳突并散生褐色粗硬毛；掌状脉。雌花单生于叶腋；苞片狭倒卵形；花被片5，无毛。蒴果卵状长圆形，具近等大3翅，翅三角形。花期4月。

地理分布： 海南

生境： 生于森林中、河边被青苔的岩石上

海拔： 约1000米

保育信息： 国家保护Ⅱ级

摄影： 秦新生

刘演秋海棠

Begonia liuyanii C.I Peng, S.M.Ku & W.C.Leong

重要特征

草本。叶基生；托叶早落，狭三角形，草质；叶柄被长柔毛或棉毛；叶斜阔卵形或近圆形，近革质，疏被刚毛，基部深心形，边缘被短纤毛，顶端短骤尖。聚伞圆锥花序；苞片早落，卵形或长圆形。雄花花被片4；花丝基部合生。雌花花被片3，黄色或红色；花柱基部合生具不等3翅。蒴果下垂。花期4—5月，果期6月至翌年2月。

地理分布： 广西
生境： 生于阔叶林、荫蔽处、石灰岩山坡上
海拔： 约200米
保育信息： 易危
摄影： 刘冰

铁甲秋海棠

Begonia masoniana Irmsch. ex Ziesenh.

重要特征

多年生草本。叶基生，斜宽卵形至斜近圆形，两侧极不相等，基部深心形，边缘有齿，上面有斑纹，被长硬毛，下面沿脉被硬刺毛。花黄色，二歧聚伞花序；花梗被长腺毛。雄花花被片外轮2枚，内轮2枚；雄蕊多数，整个呈球形；雌花花被片外轮2枚，内轮1枚。花期3—9月，果期6—9月。

地理分布： 广西；越南

生境： 生于山地山坡石灰岩石上、密林湿土石穴上、山坡沟边灌丛下

海拔： 100—300米

保育信息： 易危

摄影： 刘冰

赤车叶秋海棠

Begonia pellionioides Y.M.Shui & W.H.Chen

重要特征

多年生草本，雌雄同株。茎红色，无毛。雄花花被片4，深红色，全缘，外2片近圆形，顶端钝，基部圆形；内2片卵状披针形，顶端急尖，基部楔形。雄蕊基部合生。雌花花被片5，深红色，卵形或阔卵形，背面被刺毛，外3片小于内2片；花柱3。蒴果椭圆，红色；具3翅，等长或稍不等。花期7—8月，果期8—9月。

地理分布： 云南

生境： 生于潮湿的阔叶林（灌层主要是竹子），石灰岩山坡

海拔： 约910米

保育信息： 稀有

摄影： 税玉明

盾叶秋海棠

Begonia peltatifolia H.L.Li

重要特征

草本。叶基生，托叶早落；叶片盾状，两侧略不等，阔卵形至圆形，先端短尾尖，基部圆，边全缘有不明显的齿。苞片早落；雄花：花被片4，外面2枚大，近圆形或扁圆形，内轮2枚小，极窄长圆形；雌花：花被片2，近圆形。蒴果下垂，3翅，背翅三角形。花期6—7月，果期7月。

地理分布：海南

生境：生于阔叶林、半阴干燥的石灰岩上，靠近山顶处

海拔：约900米

保育信息：稀有

摄影：秦新生

卫矛科
Celastraceae

云南卫矛
Euonymus yunnanensis Franch.

重要特征

常绿或半常绿乔木。叶对生间有互生，革质，窄长倒卵形、窄椭圆形或较宽而为椭圆形或倒卵形。聚伞花序1—3花；花较大，5数，黄绿色；花萼基部短管明显，萼片阔三角形，有3条纵脉。蒴果倒锥状，鲜时红色，每室具1至数个室轴垂生种子；成熟种子椭圆状，假种皮红棕色。花期3—4月，果期5—7月。

地理分布：贵州、四川、西藏、云南
生境：生于林中
海拔：1700—2400米
保育信息：濒危
摄影：刘冰

小檗裸实

Gymnosporia berberoides W.W.Sm.

重要特征

灌木，枝具刺。叶厚革质，阔倒卵形或椭圆形。聚伞花序，花5数；花淡绿色；萼片三角卵形，紫色；花瓣三角卵形。蒴果倒锥状；种子长卵形，基部有白色托状或不整齐2裂的泡状假种皮。果期11—12月。

地理分布：云南
生境：生于常绿阔叶林
海拔：1400—2000米
保育信息：稀有
摄影：刘冰

密花美登木

Gymnosporia confertiflora (J.Y.Luo & X.X.Chen) M.P.Simmons

重要特征

灌木，枝有刺。叶纸质，阔椭圆形或倒卵形；聚伞花序多数集生叶腋，有花多至60朵，呈圆球状。蒴果淡绿带紫色，倒卵形；种子倒卵形；假种皮浅杯状。果期11—12月。

地理分布： 广西
生境： 生长于石灰岩山丛林中
海拔： 约300米
保育信息： 易危
摄影： 刘冰

广西美登木

Gymnosporia guangxiensis (C.Y.Cheng & W.L.Sha) M.P.Simmons

重要特征

灌木，小枝具刺。叶厚纸质，椭圆形或卵状椭圆形，先端急尖或稍钝，基部阔楔形或近圆形，边缘具浅齿常呈波状。聚伞花序2—4次分枝，有花7—25朵；苞片及小苞片细小，阔卵形；花白色；萼片卵圆形；花瓣长圆形，边缘微缺蚀状。蒴果成熟紫棕色，倒卵状。种子棕红色，椭圆状或卵圆状。花期11—12月。

地理分布： 广西

生境： 生长于石灰岩山地灌丛中

海拔： 200—600米

保育信息： 易危

摄影： 于胜祥

永瓣藤

Monimopetalum chinense Rehder

重要特征

灌木。小枝稍4棱。叶互生，纸质，卵形、窄卵形，间有长方卵形至椭圆形。聚伞花序1—3次分枝；花淡绿色。蒴果4深裂；种子黑色，基部有细小环状假种皮。花期5—10月，果期6—11月。

地理分布：安徽、湖北、江西

生境：生长于山坡、路边及山谷杂林中

海拔：400—700米

保育信息：濒危；国家保护Ⅱ级

摄影：侯学良

牛栓藤科
Connaraceae

单叶豆
Ellipanthus glabrifolius Merr.

重要特征

灌木或乔木；树皮灰褐色。单叶互生，叶薄革质，长圆形或长圆状披针形。圆锥花序或聚伞花序；花两性。蓇葖果卵形；种子1，深褐色，稍有光泽，基部为2裂的假种皮所包围。花期10月至翌年3月，果期7月。

地理分布：海南
生境：生于低海拔山地密林中，为季雨林中常见树种，又是海南特有种
海拔：200—700米
保育信息：濒危
摄影：秦新生

藤黄科
Clusiaceae

金丝李
Garcinia paucinervis Chun & F.C.How

重要特征

乔木。托叶2；叶片幼时紫红色，椭圆形、椭圆状长圆形或卵状长圆形，幼时膜质，后变近革质，基部阔楔形，稀圆，先端急尖或短渐尖，具钝或圆的渐尖头。花期6—7月，果期11—12月。

地理分布： 广西、云南

生境： 多生于石灰岩山较干燥的疏林或密林中

海拔： 300—800米

保育信息： 易危；国家保护Ⅰ级

摄影： 于胜祥

安神木科
Centroplacaceae

膝柄木
Bhesa robusta (Roxb.) Ding Hou

重要特征

乔木；小枝粗糙。叶互生，近革质，长方窄椭圆形或窄卵形；聚伞花序，花小，黄绿色；萼片线状披针形；花盘浅盘状。蒴果窄长卵状；种子1，基生，椭圆卵状，假种皮淡棕色。

地理分布：广西；孟加拉国、不丹、柬埔寨、印度、印度尼西亚、老挝、马来西亚、缅甸、尼泊尔、泰国、越南

生境：生长于近海岸的坡地杂木林中

海拔：50—100米

保育信息：极危；极小种群；国家保护Ⅰ级

摄影：刘冰；许为斌

青钟麻科
Achariaceae

海南大风子
Hydnocarpus hainanensis (Merr.) Sleumer

重要特征

常绿乔木。叶薄革质，长圆形，偶为椭圆形、狭卵形或倒卵形，长9—18厘米，先端急尖至钝，边缘有不规则浅波状锯齿，两面无毛。花15—20朵，单性，总状花序，具梗；萼片4，椭圆形或圆形；花瓣4，肾状卵形，边缘有睫毛。浆果球形，密生棕色或黄色茸毛，果皮革质。花期4—5月，果期6—8月。

地理分布： 广西、贵州、海南、云南；越南
生境： 生于常绿阔叶林
海拔： 300—1800米
保育信息： 易危；国家保护Ⅱ级
摄影： 刘冰

杨柳科
Salicaceae

斯里兰卡天料木
Homalium ceylanicum (Gardner) Benth.

重要特征

乔木。叶薄革质至厚纸质，椭圆形至长圆形，稀倒卵形，先端钝、急源尖或短渐尖。总状花序腋生，下垂；苞片狭三角形，纸质，早落；花梗具节；萼片线状长圆形或匙形；花瓣5—6，卵状长圆形或匙形。花期1—11月，果期2—12月。

地理分布： 广东、广西、海南、湖南、江西、西藏、云南；孟加拉国、印度、老挝、缅甸、尼泊尔、斯里兰卡、泰国、越南

生境： 生于山谷森林、林缘、雨林、常绿阔叶林、山沟溪流边、缓坡上

海拔： 400—1200米

保育信息： 易危

摄影： 秦新生

光叶栀子皮

Itoa orientalis var. *glabrescens* C.Y.Wu ex G.S.Fan

重要特征

落叶乔木；树皮灰色或浅灰色，光滑；幼枝皮孔明显，当年生枝有疏毛，老枝无毛。叶薄革质，椭圆形或卵状长圆形或长圆状倒卵形，先端锐尖或至尖，基部钝或近圆形，边缘有钝齿，叶下面近无毛或无毛；叶柄长3—6厘米，上面扁平，下面圆形，近无毛至无毛。圆锥花序，顶生，长4—8厘米，有柔毛。花单性，雌雄异株，稀杂性；花瓣缺；萼片4片，三角状卵形，外面有毡状毛；雄花比雌花小，雄蕊多数，花丝短，无毛，花药黄色，椭圆形，2室；雌花比雄花大，单生枝顶或叶腋，子房上位，圆球形，花柱短，6-8裂，稀4裂，有短毛。蒴果大，椭圆形，长达9厘米，密被橙黄色绒毛，后变无毛，外果皮革质，内果皮为木质，从顶端向下及从基部向上6—8裂，稀4裂，中部联合，各裂片沿胎座从基部向上至中部又分裂为2瓣；种子多数，长2—3厘米，宽约1厘米，周围有膜质翅。花期3—6月，果期7—12月。

地理分布：广西、贵州、云南；越南

生境：生于山上的常绿阔叶林

海拔：500—1400米

保育信息：极危

摄影：刘冰

墨竹柳

Salix maizhokunggarensis N.Chao

重要特征

灌木。叶具柄，椭圆形或长椭圆形，先端钝、急尖或圆形，基部楔形至浅心形。雄葇荑花序苞片倒卵形，先端圆形至截形，黄褐色或暗褐色；雄蕊2，花丝分离；腺体2；雌葇荑花序苞片宽倒卵形，先端圆形；雌花子房椭圆形，柱头2裂。

地理分布： 西藏
生境： 生于山坡
海拔： 约4200米
保育信息： 稀有
摄影： 刘冰

大戟科
Euphorbiaceae

蝴蝶果
Cleidiocarpon cavaleriei (H.Lév.) Airy Shaw

重要特征

乔木。托叶钻形；叶片椭圆形、长圆状椭圆形或披针形，厚纸质，基部楔形，先端渐尖，稀急尖。圆锥花序两性；苞片披针形。雄花团伞花序具7—13朵花；萼裂片3—5。雌花1—6朵生于花序基部或中部；萼片数5—8，椭圆状卵形或阔披针形。核果斜卵形或2裂，基部收缩成柄。种子近球形。花果期5—11月。

地理分布：贵州、广西、云南；越南

生境：生于山地或石灰岩山的山坡或沟谷常绿林中

海拔：100—1000米

保育信息：易危

摄影：于胜祥

东京桐

Deutzianthus tonkinensis Gagnep.

重要特征

乔木。嫩枝密被星状毛，很快变无毛，枝条有明显叶痕。叶椭圆状卵形至椭圆状菱形，全缘。雌雄异株，花序顶生；雄花：花萼钟状，具短裂片，花瓣长圆形，舌状；花盘5深裂；雄蕊7枚；雌花：花萼、花瓣与雄花同。果稍扁球形，种皮硬壳质，平滑、有光泽。花期4—6月，果期7—9月。

地理分布： 广西、云南；越南
生境： 生于密林中
海拔： 900米以下
保育信息： 濒危；国家保护Ⅱ级
摄影： 许为斌

海南大戟

Euphorbia hainanensis Croizat

重要特征

灌木。叶互生，椭圆形，薄纸质；托叶小，膜质，早落。花序单顶生或腋生；总苞阔钟状，边缘4裂或5裂。雌花子房光滑，花柱3，基部2/3合生；柱头不分裂。蒴果卵状三棱形，光滑无毛。花果期12月。

地理分布：海南
生境：生于密林下
海拔：约900米
保育信息：濒危
摄影：秦新生

鸡尾木

Excoecaria venenata S.K.Lee & F.N.Wei

重要特征

灌木，雌雄同株。小枝有纵棱，绿色或紫红色。叶对生，革质，狭披针形或狭椭圆形。总状花序腋生，雌花在花序下部，雄花在上部。蒴果球形，具3棱，顶端有宿存的花柱；种子近球形。花期8—10月。

地理分布：广西

生境：石灰岩地区特有植物，生于山地林下或灌丛中

海拔：50—200米

保育信息：易危

摄影：刘冰

黏木科
Ixonanthaceae

黏木
Ixonanthes reticulata Jack

重要特征

灌木或乔木。单叶互生，纸质，无毛，椭圆形或长圆形。花白色，萼片5，宿存；花瓣5，卵状椭圆形或阔圆形；花盘杯状；子房近球形。蒴果卵状圆锥形或长圆形。种子长圆形，一端有膜质种翅。花期5—6月，果期6—10月。

地理分布：福建、广东、广西、湖南、云南、贵州

生境：生于路旁、山谷、山顶、溪旁、沙地、丘陵和疏密林中

海拔：30—750米

保育信息：易危

摄影：李峰；侯学良

使君子科
Combretaceae

毗黎勒
Terminalia bellirica (Gaertn.) Roxb.

重要特征

落叶乔木。树皮灰色。叶螺旋状聚生枝顶，叶片倒卵形，光亮，侧脉5—8对。穗状花序腋生。果实近球形至宽椭圆形或卵形，具短柄，具明显或不明显的5棱，种子1粒。花期3—4月，果期5—7月。

地理分布： 云南；孟加拉国、不丹、柬埔寨、印度、印度尼西亚、老挝、马来西亚、缅甸、尼泊尔、斯里兰卡、泰国、越南、澳大利亚

生境： 生于山坡阳处及疏林中

海拔： 500—1400米

保育信息： 濒危

摄影： 刘冰

千屈菜科
Lythraceae

福建紫薇
Lagerstroemia limii Merr.

重要特征

灌木或小乔木；小枝圆柱形，密被灰黄色柔毛。叶革质，椭圆形或长圆状椭圆形。花5—6数，具12—14条棱，花期密被棕黄色绒毛至近无毛。蒴果4—5裂；种子连翅长8毫米。花期5—6月，果期7—8月。

地理分布： 福建、湖北、浙江
生境： 生于低山混交林中
海拔： 500米以下
保育信息： 稀有
摄影： 侯学良

网脉紫薇

Lagerstroemia suprareticulata S.K.Lee & L.F.Lau

重要特征

小乔木或灌木；小枝光滑。叶互生或近对生，厚纸质，卵形或椭圆状卵形。花萼钟形，萼筒长约3毫米，具10—12条棱，密被灰色绒毛，5—6裂，裂片三角形；花瓣白色，卵形，基部心形；雄蕊30—40，近等长；子房无毛。

地理分布： 广西

生境： 生于石灰岩石山上

海拔： 300—700米

保育信息： 濒危

摄影： 刘冰

桃金娘科
Myrtaceae

海南玫瑰木
Rhodamnia dumetorum var. *hainanensis* Merr. & L.M.Perry

重要特征

小乔木。嫩枝有灰色短柔毛，圆形；老枝无毛，褐色。叶片革质，卵形或狭卵形。聚伞花序，腋生或近顶生，含1—3或多数花。花白色，倒卵形，花药黄色，多数。浆果卵球形被毛。花期6—7月。

地理分布： 海南
生境： 生于沟谷阴湿生境中
海拔： 约600米
保育信息： 稀有
摄影： 秦新生

野牡丹科
Melastomataceae

宽翅棱果花
Barthea barthei var. *valdealata* C.Hansen

重要特征

灌木。树皮灰白色；小枝略四棱形。叶片厚纸质至近革质。聚伞花序，有花3朵，常仅1朵成熟；花梗四棱形；花萼四棱形；花瓣白色至粉红色或紫红色，长圆状椭圆形或近倒卵形；子房四棱形。蒴果长圆形、四棱形，棱上的翅宽达2毫米。花期1—5月或10—12月，果期10—12月或次年5月。

地理分布： 广西
生境： 生于山坡林中
海拔： 500—2500米
保育信息： 濒危
摄影： 刘冰

海南锦香草

Phyllagathis hainanensis (Merr. & Chun) C.Chen

重要特征

小灌木；茎钝四棱形。叶片纸质，长圆状椭圆形至椭圆形，或卵形。聚伞花序紧缩呈近伞形花序，顶生。蒴果杯形、四棱形，为宿存萼所包；宿存萼具明显的8肋。花期5—8月，果期8—12月。

地理分布：海南

生境：生于山坡林下、瘠土上、岩石山及水旁

海拔：600—800米

保育信息：稀有

摄影：秦新生

毛锦香草

Phyllagathis melastomatoides (Merr. & Chun) W.C.Ko

重要特征

小灌木；茎圆柱形。叶片坚纸质或纸质，长圆形、长圆状椭圆形或长圆状卵形。聚伞花序，常1—3花，生于小枝顶端叶腋。蒴果杯形、四棱形，顶端平截，4裂，花萼宿存，具8纵肋。花期10—12月，果期12月至翌年2月。

地理分布：海南
生境：生于山谷溪边
海拔：800—1200米
保育信息：稀有
摄影：秦新生

漆树科
Anacardiaceae

贡山九子母
Dobinea vulgaris Buch.-Ham. ex D.Don

重要特征

灌木。叶对生，纸质，长圆状披针形。圆锥花序顶生。雄花：花萼4裂；花瓣4，长圆形；雄蕊8；不育子房存在。雌花：无花萼、花瓣及不育雄蕊；子房卵圆形。果实略压扁。

地理分布：西藏、云南；不丹、印度、尼泊尔

生境：生于江边、河谷疏林中

海拔：1300—1400米

保育信息：易危

摄影：刘冰

无患子科
Sapindaceae

血皮槭
Acer griseum (Franch.) Pax

重要特征

落叶乔木，雄花与两性花异株或同株。树皮赭褐色，纸状脱落。复叶有3小叶；小叶纸质，卵形、椭圆形或长椭圆形。聚伞花序有长柔毛，常仅有3花；花淡黄色。小坚果黄褐色，凸起，近卵圆形或球形，密被绒毛；翅张开近于锐角或直角。花期4月，果期9月。

地理分布：甘肃、河南、湖北、湖南、陕西、山西、四川

生境：生于疏林中

海拔：1500—2000米

保育信息：易危

摄影：刘冰

庙台槭

Acer miaotaiense P.C.Tsoong

重要特征

落叶乔木。树皮深灰色。小枝紫褐色。叶纸质，宽卵形，常3—5裂。伞房花序，圆锥状，顶生，花黄绿色。果序伞房状，小坚果扁平，翅张开几近水平。花期5月，果期9月。

地理分布： 甘肃、河南、湖北、陕西、浙江

生境： 生于阔叶林中

海拔： 700—1600米

保育信息： 易危；国家保护Ⅱ级

摄影： 刘冰

鸡爪槭

Acer palmatum Thunb.

重要特征

落叶乔木，雄花与两性花同株。树皮深灰色。叶膜质至纸质，圆形，5—9掌状分裂。伞房花序，圆锥状。花淡紫色至粉白色。翅果，翅张开成钝角。花期4—5月，果期9月。

地理分布： 山东、河南、江苏、浙江、安徽、江西、湖北、湖南、贵州；日本、韩国

生境： 生于林边或疏林中

海拔： 200—1200米

保育信息： 易危

摄影： 刘冰

金沙槭

Acer paxii Franch.

重要特征

常绿乔木，雄花与两性花同株。树皮褐色。叶革质或厚革质，卵形、倒卵形或近圆形。伞房花序顶生。翅果黄绿色；小坚果特别凸起，卵圆形；翅长圆形，张开角度不稳定。花期3月，果期8月。

地理分布： 广西、贵州、四川、云南

生境： 生于林中

海拔： 1500—2500米

保育信息： 稀有

摄影： 刘冰

篦齿槭

Acer pectinatum Wall. ex G.Nicholson

重要特征

落叶乔木。树皮深棕色。叶纸质，近圆形，3裂或5裂，叶柄淡紫红色。总状花序。翅果淡黄色，小坚果微扁平，翅镰刀形，张开近于水平。花期4月下旬，果期9月。

地理分布： 四川、西藏、云南；不丹、印度、缅甸、尼泊尔

生境： 生于山坡林中

海拔： 2300—3700米

保育信息： 稀有

摄影： 刘冰

紫花槭

Acer pseudosieboldianum (Pax) Kom.

重要特征

落叶灌木或小乔木，雄花与两性花同株。叶纸质，近于圆形，9裂、11裂或13裂。伞房花序顶生。翅果紫黄色；小坚果凸起，脉纹显著；翅倒卵形，张开成钝角。花期5—6月，果期9月。

地理分布： 黑龙江、吉林、辽宁；韩国、俄罗斯

生境： 生于山岳地带，针叶和阔叶混交林中或林边

海拔： 700—900米

保育信息： 稀有

摄影： 刘冰

锡金槭

Acer sikkimense Miq.

重要特征

落叶乔木，雄花与两性花同株。枝条深灰色。叶革质，卵形、长卵圆形，全缘或有细锯齿。总状花序，花黄绿色。翅果嫩时深紫色，成熟后黄褐色；小坚果扁圆形；翅镰刀形，张开锐角或近于直角。花期3月，果期9月。

地理分布： 西藏、云南；不丹、印度、缅甸、尼泊尔

生境： 生于林中

海拔： 1700—3000米

保育信息： 易危

摄影： 刘冰

天山槭

Acer tataricum subsp. *semenovii* (Regel & Herder) A.E.Murray

重要特征

落叶灌木或小乔木。小枝紫色或黄褐色。叶革质，异形。花序伞房状，被短而粗的腺毛。花多而密集，淡绿色。翅果嫩时淡红色，成熟时淡黄色，张开成直角。花期5—6月，果期9月。

地理分布： 新疆

生境： 生于河谷和斜坡的疏林中

海拔： 2000—2200米

保育信息： 稀有

摄影： 刘冰

察隅槭

Acer tibetense W.P.Fang

重要特征

落叶乔木。叶纸质，基部圆形，5裂。花序伞房状。翅果黄绿色，小坚果扁平，翅长圆形，张开近于水平。花期4月，果期9月。

地理分布： 西藏

生境： 生于山谷林中

海拔： 1600—2700米

保育信息： 濒危

摄影： 刘冰

三花槭

Acer triflorum Kom.

重要特征

落叶乔木，雄花与两性花异株或同株。树皮黄褐色。复叶，小叶3枚，叶片纸质，长圆卵形或长圆披针形，稀长圆倒卵形。花序伞房状，具3花。小坚果凸起，近于球形；翅黄褐色，张开成锐角或近于直角。花期4月，果期9月。

地理分布： 黑龙江、吉林、辽宁；韩国

生境： 生于针叶及阔叶混交林中或阔叶杂交林中

海拔： 400—1700米

保育信息： 稀有

摄影： 刘冰

漾濞槭

Acer yangbiense Y.S.Chen & Q.E.Yang

重要特征

落叶乔木，高达20米。冬芽暗褐色，卵形。叶对生，上面深绿色，下面浅绿色，宽度大于长度，纸质，5浅裂，基部心形；叶柄长4—17厘米。总状花序下垂，无毛。单性花，黄绿色。萼片5枚，黄绿色，卵状长圆形，无毛。花瓣5枚，黄绿色，卵形，基部窄。果序下垂。花期4月，果期9月。

地理分布：云南
生境：生于山谷混交林中
海拔：约2400米
保育信息：极危；国家保护Ⅱ级
摄影：陈又生

龙眼

Dimocarpus longan Lour.

重要特征

常绿乔木。复叶，小叶4—5对，薄革质，长圆状椭圆形至长圆状披针形。花序大型，顶生或近顶腋生。花瓣乳白色。果近球形，外面稍粗糙，青褐色或有时灰黄色；种子有光泽，被肉质的假种皮包裹。花期春夏间，果期夏季。

地理分布：广东、广西、海南、云南；柬埔寨、印度、印度尼西亚、老挝、马来西亚、缅甸、新几内亚、菲律宾、斯里兰卡、泰国、越南

生境：生于疏林中

海拔：1300米以下

保育信息：易危；国家保护Ⅱ级

摄影：刘冰

伞花木

Eurycorymbus cavaleriei (H.Lév.) Rehder & Hand.-Mazz.

重要特征

落叶乔木，树皮灰色。小叶4—10对，近对生，薄纸质，长圆状披针形或长圆状卵形。花序半球状，稠密而极多花；花芳香。蒴果的发育果爿被绒毛；种子黑色，种脐朱红色。花期5—6月，果期10月。

地理分布：福建、广东、广西、贵州、湖南、江西、四川、台湾、云南

生境：生于阔叶林中

海拔：300—1400米

保育信息：国家保护Ⅱ级

摄影：侯学良

柄果木

Mischocarpus sundaicus Blume

重要特征

常绿小乔木。小枝暗红色。复叶，小叶常2对，革质，卵形或长圆状椭形。花序复总状，近基部分枝，有时为不分枝的总状花序。蒴果梨状，有种子1颗。花期10—11月，果期翌年春夏间。

地理分布： 广西、海南；亚洲东南部

生境： 生于滨海地区的林中，内陆很少见

海拔： 450米以下

保育信息： 稀有

摄影： 秦新生

芸香科
Rutaceae

黎檬
Citrus limon (L.) Osbeck

重要特征
乔木。枝多锐刺。单身复叶，翼叶线状，叶片阔椭圆形或卵状椭圆形。少花簇生或单花腋生。花瓣背面淡紫色。果扁圆至圆球形，果皮甚薄，果肉淡黄或橙红色，味颇酸，略有柠檬香味；种子长卵形。花期4—5月，果期9—10月。

地理分布： 台湾、福建、广东、广西、湖南、贵州、云南
生境： 野生及半野生，多见于较干燥坡地或河谷两岸坡地
海拔： 950米以下
保育信息： 曾被列为国家保护二批Ⅱ级
摄影： 刘冰

金豆

Fortunella venosa (Champ. ex Hook.) C.C.Huang

重要特征

灌木，枝干具刺。单叶，叶片椭圆形，稀倒卵状椭圆形，全缘。单花腋生；花萼杯状；花瓣白色，卵形。果圆或椭圆形，果皮透熟时橙红色，有种子2—4粒；种子阔卵形或扁圆形。花期4—5月，果期11至翌年1月。

地理分布： 福建、江西、湖南

生境： 生于山坡

海拔： 200米以下

保育信息： 国家保护Ⅱ级

摄影： 侯学良

黄檗

Phellodendron amurense Rupr.

重要特征

乔木。羽状复叶，有小叶7—13片，小叶薄纸质或纸质，卵状披针形或卵形，先端渐尖，叶轴被毛或无毛。花序与果序松散，花轴及分枝纤细。果圆球形。花期5—6月，果期9—10月。

地理分布： 安徽、河北、黑龙江、河南、吉林、辽宁、内蒙古、山东、山西、台湾；日本、韩国、俄罗斯

生境： 多生于山地杂木林中或山区河谷沿岸

海拔： 约500米

保育信息： 易危；国家保护Ⅱ级；《国家重点保护野生药材物种名录》Ⅱ级

摄影： 刘冰

月桂茵芋

Skimmia laureola (DC.) Decne.

重要特征

灌木。枝带灰绿色。叶聚生于枝的近顶部，近对生或3叶近于轮生，长圆状披针形。花序顶生，苞片成对。花梗被毛，近中部有对生的苞片。果卵形。花期4月，果秋后成熟。

地理分布：西藏；不丹、印度、缅甸、尼泊尔

生境：生于常绿阔叶林下

海拔：2800米以下

保育信息：近危

摄影：刘冰

楝科
Meliaceae

马肾果
Aglaia edulis (Roxb.) Wall.

重要特征

乔木；树皮红褐色。复叶，互生至近对生，小叶7—11枚，纸质，卵圆形至椭圆形。聚伞圆锥花序腋生。花近无柄，球形。浆果椭圆形，棕色，具黄色皮孔。种子1—3枚，椭圆形。花期11月至翌年1月，果期11月至翌年1月。

地理分布： 云南；不丹、柬埔寨、印度、印度尼西亚、老挝、马来西亚、缅甸、泰国、越南

生境： 生于石灰岩山常绿阔叶林中

海拔： 1200—1800米

保育信息： 稀有

摄影： 刘冰

羽状地黄连

Munronia pinnata (Wall.) W.Theob.

重要特征

矮小灌木，少分枝。奇数羽状复叶，常集生枝顶，小叶常7—9枚，叶片长圆形、卵形或椭圆形。花序腋生，有花1朵或几朵；花具短柄，有小苞片；萼5裂达基部；花冠白色；子房被毛。蒴果扁球形，被长柔毛。花期4—11月

地理分布：云南、重庆、贵州、广东、广西、海南、四川

生境：生长于河谷急流石岩上

海拔：1100—1750米

保育信息：易危

摄影：刘冰

红椿

Toona ciliata M.Roem.

重要特征

乔木。偶数或奇数羽状复叶，小叶（5—）9—15对；小叶对生或近对生，纸质，长圆状卵形或披针形。圆锥花序顶生；花瓣5，白色至乳白色，长圆形。蒴果长椭圆形，木质；种子两端具翅，翅扁平，膜质。花期1—6月，果期2—11月。

地理分布： 广东、海南、四川、云南；孟加拉国、不丹、柬埔寨、印度、印度尼西亚、老挝、马来西亚、缅甸、尼泊尔、巴基斯坦、巴布亚新几内亚、菲律宾、斯里兰卡、泰国、越南、澳大利亚、太平洋岛屿

生境： 生于低海拔沟谷林中或山坡疏林中

海拔： 400—2800米

保育信息： 易危；国家保护Ⅱ级

摄影： 刘冰

木果楝

Xylocarpus granatum J.Koenig

重要特征

乔木或灌木；枝平滑。复叶，小叶通常4片，对生，近革质，椭圆形至倒卵状长圆形。花组成疏散的聚伞花序，复组成圆锥花序，聚伞花序有花1—3朵；花瓣白色，革质。蒴果有柄，有种子8—12颗。花果期4—11月。

地理分布： 海南；印度、印度尼西亚、马来西亚、巴布亚新几内亚、菲律宾、斯里兰卡、泰国、越南；非洲、太平洋岛屿

生境： 混生于浅水海滩的红树林中

海拔： 100米以下

保育信息： 国家保护Ⅱ级

摄影： 秦新生

锦葵科
Malvaceae

木里秋葵
Abelmoschus muliensis K.M.Feng

重要特征

草本，高1米，全株密被黄色长硬毛。托叶丝形，长1—1.5厘米。叶下部生的圆心形，直径6—9厘米，先端钝或尖，边缘具分离粗齿；上部生的卵状箭形，长7—10厘米，先端钝，边缘具粗齿。果生于叶腋；小苞片12，丝形。蒴果卵状椭圆形，顶端具短喙，种子肾形具腺状条纹。

地理分布： 四川
生境： 生于山坡草丛
海拔： 1200—2100米
保育信息： 濒危
摄影： 刘冰

昂天莲

Abroma augustum (L.) L.f.

重要特征

灌木，高1—4米。托叶线形，早落；叶心形或卵状心形，有时为3—5裂，长10—22厘米，顶端急尖或渐尖，基部心形或斜心形。聚伞花序有花1—5朵，花下垂。萼片披针形；花深红紫色，顶端急尖或钝。蒴果直立，倒圆锥形，具5翅，裂开后杯状；种子长圆形，黑色。花期春夏季。

地理分布： 广东、广西、贵州、云南；不丹、印度、印度尼西亚、马来西亚、尼泊尔、菲律宾、泰国、越南、澳大利亚、太平洋岛屿

生境： 生于林缘、山谷水冲沟

海拔： 360—820米

保育信息： 稀有

摄影： 秦新生

柄翅果

Burretiodendron esquirolii (H.Lév.) Rehder

重要特征

落叶乔木。叶片椭圆形、阔椭圆形或阔倒卵形，纸质，基部斜心形，边缘具细齿，先端急尖。聚伞花序有3朵小花；苞片2，卵形；雄花具梗；萼片长圆形；花瓣阔倒卵形，先端近截形。蒴果椭圆形，基部圆；种子倒卵形。

地理分布： 云南、广西、贵州；缅甸、泰国
生境： 生长于石灰岩及砂岩山地的常绿林里
海拔： 100—700米
保育信息： 国家保护Ⅱ级
摄影： 于胜祥

海南椴

Diplodiscus trichospermus (Merr.) Y.Tang, M.G.Gilbert & Dorr

重要特征

乔木。树皮灰白，老枝深褐色；小枝密被棕灰色绒毛。叶片下面密被贴紧灰黄色星状短茸毛，上面无毛或近无毛，基部近心形或截形，顶端渐尖或急尖。圆锥花序，总花梗密被灰黄色星状短茸毛。花萼外面密被淡黄色星状柔毛。花瓣黄色或白色，倒披针形，无毛。蒴果果爿背面密被星状短茸毛。花期秋天，果期冬天。

地理分布： 广西、海南
生境： 生于开放森林
海拔： 200—300米
保育信息： 易危；国家保护Ⅱ级
摄影： 秦新生

云南梧桐

Firmiana major (W.W.Sm.) Hand.-Mazz.

重要特征

落叶乔木。叶掌状3裂，宽度常比长度大，顶端急尖或渐尖，基部心形，上面无毛，下面密被黄褐色短茸毛，后脱落。圆锥花序；花萼紫红色，被毛，萼深裂几至基部，萼片线形或长圆状线形，被毛；雄花的雌雄蕊柄长管状。蓇葖果膜质。花期6—7月，果期10月。

地理分布：四川、云南
生境：生于荒坡
海拔：1600—3000米
保育信息：濒危；国家保护Ⅱ级
摄影：刘冰；余志祥

旱地木槿

Hibiscus aridicola J.Anthony

重要特征

落叶灌木，密被黄色星状绒毛。托叶丝状，叶革质，卵形或圆卵形，先端急尖或钝，基部截形或心形，边缘具粗齿状。花单生于叶腋，花梗具节；小苞片6，线状匙形至倒披针形，被星状鳞片，顶端圆；花萼杯状，裂片三角状渐尖形；花柱枝5。蒴果卵形；种子肾形，被白色棉毛。花期10—11月。

地理分布：四川、云南

生境：生于矮灌草丛、荒坡和干热河谷

海拔：1300—2100米

保育信息：易危

摄影：刘冰

海南破布叶

Microcos chungii (Merr.) Chun

重要特征

乔木。叶近革质，长圆形或披针形，长11—20厘米，顶端长渐尖，基部圆钝。圆锥花序；萼片5，狭披针形；花瓣黄色，狭长圆形。核果梨形。花期夏秋季间，果期冬季。

地理分布：海南、云南；越南

生境：生于山林

海拔：28—700米

保育信息：易危

摄影：秦新生

翅苹婆

Pterygota alata (Roxb.) R.Br.

重要特征

大乔木。托叶钻状，早落；叶片心形或广卵形，长13—35厘米，顶端急尖或钝，基部截形、心形或圆形，两面均无毛。圆锥花序生于叶腋，比叶柄短；花稀疏，红色，几无花梗；萼钟状，裂片线状披针形；雄花的雌雄蕊柄长圆柱状锥形；雌花的雌雄蕊柄颇短。蓇葖果木质，扁球形。种子长圆形，有长而阔的翅。果期12月。

地理分布：海南、云南；孟加拉国、不丹、印度、马来西亚、缅甸、菲律宾、泰国、越南

生境：生于开阔森林

海拔：约0米

保育信息：稀有

摄影：秦新生

保亭梭罗

***Reevesia botingensis* H.H.Hsue**

重要特征

乔木，高10米；小枝灰白色。叶革质，倒披针形，长7—20厘米，宽2—6厘米，顶端钝或圆形，基部楔形，两面均无毛；叶柄无毛。蒴果长圆状梨形，顶端截形，有5棱脊；种子具翅；翅长圆形，褐色，顶端钝。果期12月。

地理分布：海南

生境：生于山区密林

海拔：1800米以下

保育信息：濒危

摄影：秦新生

粗齿梭罗

Reevesia rotundifolia Chun

重要特征

乔木；幼枝密被淡黄褐色星状短柔毛。叶薄革质，圆形或倒卵状圆形，或宽略过于长，顶端圆形或截形而有凸尖，基部截形或圆形，在顶端的两侧有粗齿2—3个。蒴果倒卵状长圆形，5棱；翅膜质，褐色。花期5月。

地理分布：广东、广西
生境：生于山区
海拔：约1000米
保育信息：濒危；国家保护Ⅱ级
摄影：刘冰

紫椴

Tilia amurensis Rupr.

重要特征

乔木，顶芽无毛，有鳞苞3片。叶阔卵形或卵圆形，长4.5—6厘米，先端急尖、渐尖、楔形或微凹，基部心形，稍整正，有时斜截形，边缘有锯齿。聚伞花序有花3—20朵；苞片狭带形，长3—7厘米，下部与花序柄合生；萼片阔披针形。果实卵球形，有棱或有不明显的棱。花期7月。

地理分布：黑龙江、吉林、辽宁；韩国、俄罗斯

生境：生于冷杉和云杉混交林

海拔：1300—1400米

保育信息：易危；国家保护Ⅱ级

摄影：刘冰

瑞香科
Thymelaeaceae

阿尔泰瑞香
Daphne altaica Pall.

重要特征

落叶直立灌木。叶互生，长圆状椭圆形或椭圆状披针形，膜质。花白色，3—7朵组成顶生的头状花序，无苞片，花梗极短或无花梗，子房卵球形。浆果卵球形，成熟时紫黑色。花期5—6月，果期7—9月。

地理分布： 新疆；蒙古、俄罗斯

生境： 生于河谷或山地的灌木丛中

海拔： 约1000米

保育信息： 易危

摄影： 刘冰

半日花科
Cistaceae

半日花
Helianthemum songaricum Schrenk ex Fisch. & C.A.Mey.

重要特征

矮小灌木，多分枝，稍呈垫状。单叶对生，革质，具短柄或几无柄，披针形或狭卵形，全缘，边缘常反卷；托叶钻形或线状披针形，先端急尖，较叶柄长。花单生枝顶；萼片5，不等大，外面的2片线形，内面的3片卵形；花瓣黄色，淡橘黄色，倒卵形或楔形。蒴果卵形；种子卵形，渐尖，褐色，有棱角，具纲纹，有时有绉缩。花期4月。

地理分布：新疆、甘肃河西、内蒙古；亚洲中部
生境：生于草原化荒漠区的石质和砾质山坡
海拔：1000—1400米
保育信息：濒危；国家保护Ⅱ级
摄影：杨永

龙脑香科
Dipterocarpaceae

狭叶坡垒
Hopea chinensis (Merr.) Hand.-Mazz.

重要特征

乔木。叶全缘，革质，长圆状披针形或长圆形，长7—26厘米，先端渐尖或尾状渐尖，基部圆形或楔形，两侧略不等；叶柄黑褐色。圆锥花序腋生；萼片覆瓦状排列，卵形；增大的2枚花萼裂片为长圆状披针形或长圆形；花瓣红色，椭圆形，被黄色长绒毛。果实卵形，黑褐色，具尖头。花期6—7月，果期10—12月。

地理分布： 广西、云南；越南

生境： 生于山谷、山坡的森林里

海拔： 300—600米

保育信息： 易危；极小种群；国家保护Ⅰ级

摄影： 刘冰

青梅

Vatica mangachapoi Blanco

重要特征

乔木。叶革质，全缘，长圆形至长圆状披针形，长5—13厘米，先端渐尖或短尖，基部圆形或楔形；叶柄密被灰黄色短绒毛。圆锥花序；萼片卵状披针形或长圆形；花瓣长圆形或线状匙形。果实球形。花期5—6月，果期8—9月。

地理分布：海南；印度尼西亚、马来西亚、菲律宾、泰国、越南

生境：生于丘陵地区的森林、山坡上

海拔：700米以下

保育信息：易危；国家保护Ⅱ级

摄影：秦新生

木樨草科
Resedaceae

节蒴木
Borthwickia trifoliata W.W.Sm.

重要特征

灌木或小乔木。小叶膜质，侧生小叶卵状披针形，基部不对称，顶生小叶长圆形、椭圆形、披针形或倒卵状披针形。总状花序顶生，无总花梗，花序轴与花梗被白色短柔毛；萼筒被白色短柔毛，开放时撕裂；花瓣5—8，白色，长圆形或匙形。蒴果念珠形，顶端有喙。花期4—6月，果期8—9月。

地理分布：云南；缅甸

生境：生于沟谷或湿润山坡林下

海拔：300—1400米

保育信息：濒危

摄影：刘冰

十字花科
Brassicaceae

斧翅沙芥
Pugionium dolabratum Maxim.

重要特征

一年生草本；茎直立。基部叶稍肉质；叶片二回羽状全裂。中部和上部茎生叶类似于基部叶。花瓣粉色，线形或线状披针形；爪长5—8毫米。果柄稍粗壮，直。果横切面长圆形；翅披针形、卵形、长圆形或倒卵形，全缘，先端斜截形，急尖或钝，具齿或无齿。种子褐色，长圆形。花期8—9月。

地理分布：甘肃、内蒙古、陕西、宁夏；蒙古

生境：生在荒漠及半荒漠的沙地

海拔：1000—1400米

保育信息：稀有；曾被列为国家保护二批Ⅱ级

摄影：杨永

赤苍藤科
Erythropalaceae

赤苍藤
Erythropalum scandens Blume

重要特征

常绿藤本，具腋生卷须。叶纸质至厚纸质或近革质，卵形、长卵形或三角状卵形。二歧聚伞花序；花梗丝状，萼筒杯状，花瓣白色。核果卵状椭圆形或椭圆状，全为增大成壶状的花萼筒所包围，花萼筒顶端有宿存的波状裂齿，成熟时淡红褐色，干后为黄褐色，常不规则开裂为3—5裂瓣；种子蓝紫色，宽椭圆形。花果期3—9月。

地理分布：广东、广西、贵州、海南、西藏、云南；孟加拉国、文莱、不丹、柬埔寨、印度、印度尼西亚、老挝、马来西亚、缅甸、菲律宾、泰国、越南

生境：生于低山及丘陵地区、山区溪边、山谷、密林或疏林的林缘及灌丛中

海拔：100—1500米

保育信息：稀有

摄影：秦新生

檀香科
Santalaceae

重寄生
Phacellaria fargesii Lecomte

重要特征

植株高6—8米。花单生，两性；苞片卵状三角形，先端反折，具纤毛；小苞片2，卵状三角形，小，先端急尖，具纤毛。花黄白色，钟状圆柱形，无毛，裂片4—5。核果卵状椭圆形，具皱纹，基部圆，先端具宿存花瓣裂片。种子柱状。花果期7—8月。

地理分布：重庆、湖北、贵州、广西

生境：常寄生于锈毛钝果寄生［*Taxillus levinei*（Merr.）H. S. Kiu］等桑寄生科植物的枝上

海拔：1000—1400米

保育信息：易危

摄影：于胜祥

柽柳科
Tamaricaceae

宽苞水柏枝
Myricaria bracteata Royle

重要特征

灌木。叶密生于当年生绿色小枝上，卵形、卵状披针形、线状披针形或狭长圆形，先端钝或锐尖，基部略扩展或不扩展，常具狭膜质的边。总状花序顶生于当年生枝条上，密集呈穗状；苞片通常宽卵形或椭圆形，有时呈菱形，先端渐尖，边缘为膜质，基部狭缩。蒴果狭圆锥形；种子狭长圆形或狭倒卵形。花期6—7月，果期8—9月。

地理分布：新疆、西藏、青海、甘肃、宁夏、陕西、内蒙古、山西、河北；克什米尔、印度、巴基斯坦、阿富汗、苏联、蒙古

生境：生于河谷砂砾质河滩、湖边沙地以及山前冲积扇砂砾质戈壁上

海拔：1100—3300米

保育信息：易危

摄影：刘冰

疏花水柏枝

Myricaria laxiflora (Franch.) P.Y.Zhang & Y.J.Zhang

重要特征

直立灌木。叶披针形或长圆形，长2—4毫米，先端钝或急尖，常内弯，基部略扩展，具狭膜质边。总状花序通常顶生；苞片披针形或卵状披针形，先端渐尖，具狭膜质边；萼片披针形或长圆形，先端钝或急尖，具狭膜质边；花瓣倒卵形。蒴果狭圆锥形；种子顶端具芒。花果期6—8月。

地理分布： 湖北、四川

生境： 生于河边、路边

海拔： 40—155米

保育信息： 濒危；国家保护Ⅱ级

摄影： 刘冰

小花水柏枝

Myricaria wardii C.Marquand

重要特征

直立灌木。叶线状披针形、卵状披针形或长圆形，先端钝或急尖，基部略扩展，有狭膜质边。总状花序；苞片披针形或卵状披针形，先端渐尖，具狭膜质边；萼片披针形，长不及花瓣之半，有狭膜质边；花瓣紫色，狭倒卵形或狭椭圆形，先端内曲；雄蕊短于花瓣，花丝2/3部分合生；柱头3裂。蒴果圆锥形；种子长圆形。花果期5—8月。

地理分布：西藏；尼泊尔
生境：生于河边沙地
海拔：3000—4000米
保育信息：易危
摄影：刘冰

蓼科
Polygonaceae

沙拐枣
Calligonum mongolicum Turcz.

重要特征

灌木，高25—150厘米。老枝灰白色或淡黄灰色，开展，拐曲。叶线形，长2—4毫米。花白色或淡红色，通常2—3朵，簇生叶腋；花梗下部有关节；花被片卵圆形，长约2毫米，果时水平伸展。瘦果条形、窄椭圆形至宽椭圆形；果肋每肋有刺2—3行。花期5—7月，果期6—8月。

地理分布：甘肃、内蒙古、新疆；蒙古
生境：生于流动沙丘、半固定沙丘、固定沙丘、沙地、沙砾、质漠和砾质荒漠的粗沙积聚处
海拔：500—1800米
保育信息：稀有；曾被列为国家保护二批Ⅱ级
摄影：刘冰

翅果蓼

Fagopyrum tibeticum (A.J.Li) Adr.Sanchez & Jan.M.Burke

重要特征

小灌木，多分枝，树皮紫褐色，具浅纵裂。叶簇生，叶片卵状长圆形或长圆形，近革质，顶端钝，基部浅心形或近戟形，边缘全缘；托叶鞘红褐色，膜质，偏斜，无毛，先端急尖或钝。花序总状，顶生；苞片卵形，顶端尖。瘦果宽卵形；翅薄膜质，淡红色，边缘近全缘。花期7—8月，果期8—9月。

地理分布： 西藏

生境： 生于河谷阶地、山坡灌丛

海拔： 3000—3400米

保育信息： 稀有

摄影： 刘冰

塔黄

Rheum nobile Hook.f. & Thomson

重要特征

高大草本。茎直立。基生叶呈莲座状。茎生叶密生，叶柄粗壮，无毛；叶片大，圆形，卵形或心状卵形，近革质，基部圆或近心形，先端钝，全缘。托叶鞘红色，阔披针形，大。圆锥花序，无毛；苞片淡黄色，干时膜质。花瓣6或更少，基部合生，椭圆形，内3枚大，黄绿色。果阔卵形或卵形，基部圆至稍截形，先端钝；翅深褐色，窄；种子黑褐色，心状卵形。花期6—7月，果期9月。

地理分布：西藏、云南；阿富汗、不丹、印度、缅甸、尼泊尔、巴基斯坦

生境：高山石滩及湿草地

海拔：3900—4000米

保育信息：稀有

摄影：刘冰

石竹科
Caryophyllaceae

金铁锁

Psammosilene tunicoides W.C.Wu & C.Y.Wu

重要特征

茎平卧，2叉状分枝，紫绿色。叶片卵形，长1.5—2.5厘米，基部宽楔形或圆形，顶端急尖。聚伞圆锥花序；花梗短或近无；花萼筒状钟形，萼齿三角状卵形，顶端钝或急尖，边缘膜质。花期6—9月，果期7—10月。

地理分布： 贵州、四川、西藏、云南

生境： 生于金沙江、雅鲁藏布江干热河谷，山坡上，干草场，石灰质岩缝，森林中

海拔： 900—3800米

保育信息： 濒危；国家保护Ⅱ级

摄影： 刘冰

苋科
Amaranthaceae

海滨藜
Atriplex maximowicziana Makino

重要特征

多年生草本。叶片菱状卵形至卵状矩圆形，先端急尖或钝，并有短尖头，基部宽楔形至楔形，3裂，钝，全缘。团伞花序腋生，并于枝的先端集成紧缩的小型穗状圆锥花序；雄花花被5深裂；雌花的苞片果时菱状宽卵形至三角状卵形。果皮膜质，淡黄色。花果期9—12月。

地理分布：福建；日本

生境：生于海边沙地和珊瑚岩

海拔：约0米

保育信息：濒危

摄影：侯学良

梭梭

Haloxylon ammodendron (C.A.Mey.) Bunge ex Fenzl

重要特征

乔木。树皮灰白色。叶鳞片状，宽三角形，稍开展，先端钝，腋间具棉毛。小苞片舟状，宽卵形，与花被近等长，边缘膜质；花被片矩圆形，先端钝，背面生翅状附属物，肾形至近圆形，边缘波状或啮蚀状，基部心形至楔形。胞果黄褐色，果皮不与种子贴生。种子黑色。花期5—7月，果期9—10月。

地理分布：甘肃、内蒙古、宁夏、青海、新疆；蒙古和亚州中部

生境：生于沙丘、盐碱地、河边沙地

海拔：3000米以下

保育信息：曾被列为国家保护二批Ⅱ级

摄影：达来

蓝果树科
Nyssaceae

喜树
Camptotheca acuminata Decne.

重要特征

落叶乔木。叶互生，纸质，矩圆状卵形或矩圆状椭圆形。头状花序，常由2—9个头状花序组成圆锥花序，苞片3枚；花萼杯状，5浅裂；花瓣5枚，淡绿色；花盘显著。翅果矩圆形，种子1枚。花期5—7月，果期9月。

地理分布：福建、广东、广西、贵州、湖北、湖南、江苏、江西、四川、云南、浙江

生境：常生于林边或溪边

海拔：1000米以下

保育信息：极小种群，曾被列为国家保护一批Ⅱ级

摄影：刘冰

珙桐

Davidia involucrata Baill.

重要特征

落叶乔木，两性花与雄花同株。叶膜质，互生，无托叶，常密集于幼枝顶端，阔卵形或近圆形。头状花序，顶生，基部具2—3枚苞片，乳白色。核果长卵圆形，紫绿色具黄色斑点。种子3—5枚。花期4月，果期10月。

地理分布：贵州、湖北、湖南、四川、云南

生境：生于润湿的常绿阔叶落叶阔叶混交林中

海拔：1100—2600米

保育信息：国家保护Ⅰ级

摄影：刘冰

云南蓝果树

Nyssa yunnanensis W.Q.Yin ex H.N.Qin & Phengklai

重要特征

乔木；树皮深褐色。叶厚纸质，椭圆形或倒卵形；叶柄粗壮。雄花组成腋生伞形花序，总梗粗壮，小花梗被毛。核果紫褐色，通常4—5枚成头状果序；种子稍扁，外壳上有7条纵沟纹。花期3月，果期9月。

地理分布：云南

生境：生于山谷密林中

海拔：500—1100米

保育信息：极危；极小种群；国家保护Ⅰ级

摄影：刘冰

山茱萸科
Cornaceae

山茱萸
Cornus officinalis Siebold & Zucc.

重要特征

落叶乔木或灌木；叶对生，纸质，卵状披针形或卵状椭圆形，长5.5—10厘米，宽2.5—4.5厘米，先端渐尖，全缘，无毛，侧脉6—7对，弓形内弯。伞形花序生于枝侧，有总苞片4，卵形，开花后脱落；总花梗粗壮；花小，两性，先叶开放；花萼裂片4，阔三角形，与花盘等长或稍长；花瓣4，舌状披针形，黄色，向外反卷；雄蕊4，与花瓣互生，花药2室；花盘垫状，无毛；子房下位，花托倒卵形；花梗纤细密被疏柔毛。核果长椭圆形，长1.2—1.7厘米，红色至紫红色；核骨质有几条不整齐的肋纹。

地理分布：山西、陕西、甘肃、山东、江苏、浙江、安徽、江西、河南、湖南；朝鲜、日本

生境：生于林缘或森林中

海拔：400—1500米

保育信息：《国家重点保护野生药材物种名录》Ⅲ级

摄影：刘冰

凤仙花科
Balsaminaceae

龙州凤仙花
Impatiens morsei Hook.f.

重要特征

一年生草本，全株无毛。茎直立。叶互生，常密集于茎上部，叶片卵形、椭圆形、卵状椭圆形。花梗单生于上部叶腋。花展开，白色、粉红色或紫色，内面具橙色斑点。侧生萼片2，绿色，唇瓣檐部舟状或漏斗状。花果期6—10月。

地理分布：广西
生境：生于山谷水旁密林下阴湿处
海拔：400—1000米
保育信息：稀有
摄影：刘冰

大鼻凤仙花

Impatiens nasuta Hook.f.

重要特征

一年生草本，全株无毛。茎直立，分枝，小枝伸长而细，疏生叶。叶互生，中部和下部叶具长柄，最上部叶具短柄或无柄。叶片膜质，中部叶卵形或卵状长圆形，顶端钝，基部近圆形；最上部叶长圆形，顶端钝，基部心形，边缘具粗圆齿。总花梗生于上部叶腋，短于叶，具1—2花，极少有3花；苞片线状披针形，宿存。花较大，深紫红色。蒴果线形，镰状弯，顶端喙尖。种子少数，长圆形，褐色，平滑。花期8月，果期9—10月。

地理分布： 重庆、湖北

生境： 生于山坡灌丛或林中岩石边，或草坪、沟边湿地

海拔： 1200—2100米

保育信息： 易危

摄影： 于胜祥

玉蕊科
Lecythidaceae

梭果玉蕊
Barringtonia fusicarpa Hu

重要特征

大乔木。叶丛生小枝顶部，具柄，坚纸质，倒卵状长圆形至长圆形，通常长15—30厘米，基部楔形，顶端渐尖。穗状花序顶生或在老枝上侧生，下垂；花无梗；花萼管状，开放时始撕裂为2—4裂片，裂片椭圆形至近卵形，外面被疏毛；花瓣4，椭圆形至近圆形，白色或带粉红色。果实梭形，长达11厘米，褐色。花果期几全年。

地理分布： 云南
生境： 生于潮湿密林
海拔： 100—800米
保育信息： 易危
摄影： 刘冰

山榄科
Sapotaceae

紫荆木
Madhuca pasquieri (Dubard) H.J.Lam

重要特征

乔木，高达30米；树皮灰黑色。托叶披针状线形，早落。叶片倒卵形或倒卵状长圆形，长6—16厘米，先端阔渐尖至骤然急尖，基部阔渐尖至楔形，两面无毛。花数朵簇生叶腋；花萼4裂，稀5裂；花冠黄绿色，裂片6—11。果椭圆形或球形，具延长的花柱；种子椭圆形，疤痕长圆形。花期7—9月，果期10月至翌年1月。

地理分布： 广东、广西、云南；越南

生境： 生于森林

海拔： 1100米以下

保育信息： 易危；极小种群；国家保护Ⅱ级

摄影： 刘冰

报春花科
Primulaceae

翅柄岩报春
Primula dryadifolia subsp. *jonardunii* (W.W.Sm.) F.H.Chen & C.M.Hu

重要特征

花葶短于莲座丛。花冠玫瑰紫；花冠筒内面明显被柔毛。

地理分布： 西藏；不丹
生境： 生于湿润草地和岩石缝中
海拔： 4000—5300米
保育信息： 稀有
摄影： 刘冰

暗红紫晶报春

Primula valentiniana Hand.-Mazz.

重要特征

多年生小草本，根茎粗短，向下发出一丛粗长的支根。叶丛基部有少数鳞片和残存的枯叶柄；叶片倒卵形至倒披针形，先端锐尖，有时稍钝而具短尖头，基部楔形，边缘有稀疏的小牙齿；叶柄具狭翅。花葶纤细，单生；花通常1—2朵生于花葶顶端，下垂；苞片线形，通常2枚，互生；花萼杯状，带紫色，分裂近达中部，裂片三角形或卵状三角形；花冠淡紫红色至深紫红色，狭窄的管状基部极短，向上扩展成阔钟形，内面有少数白色微柔毛。花期7—8月。

地理分布：云南、西藏；缅甸

生境：生长于高山草地含泥炭的土壤中

海拔：3800—4200米

保育信息：稀有

摄影：刘冰

山茶科
Theaceae

红皮糙果茶
Camellia crapnelliana Tutcher

重要特征

小乔木，老枝树皮红色。叶硬革质，倒卵状椭圆形至椭圆形，长7—19厘米，先端短尖，基部楔形至宽楔形，边缘有细钝齿。花顶生或近顶生，近无柄；花冠白色，花瓣6—8片，倒卵形至倒卵状长圆形，基部合生；花柱3—5。蒴果近球形。花期12月翌年1月，果期9—10月。

地理分布：福建、广东、广西、江西、浙江
生境：生于森林中
海拔：100—800米
保育信息：易危
摄影：刘冰

淡黄金花茶

Camellia flavida Hung T.Chang

重要特征

灌木。叶革质，长圆形或椭圆形，长8—16（—17.5）厘米，先端渐尖至短尾尖，基部楔形至钝；边缘有细锯齿。单花腋生；苞片5—6片，半圆形至卵形；萼片5；花瓣7—13片，倒卵圆形至倒卵状椭圆形。蒴果扁圆；种子圆球形或半球形。花期11月至翌年1月，果期9—10月。

地理分布：广西

生境：生于常绿阔叶林中的石灰岩上

海拔：100—500米

保育信息：濒危；国家保护Ⅱ级

摄影：刘冰

东兴金花茶

Camellia indochinensis var. *tunghinensis* (Hung T.Chang) T.L.Ming & W.J.Zhang

重要特征

灌木。叶薄革质，椭圆形，先端急尖，基部阔楔形，上面淡绿色，干后不发亮，两面无毛，有黑腺点，边缘上半部有钝锯齿。花金黄色，直径2.5—3.5厘米，花梗长（0.5—）0.7—1.3毫米；苞片5—6片；萼片5，近圆形；花瓣8—9片，基部连合2—4毫米。蒴果扁球形。花期12月至翌年1月，果期9—10月。

地理分布： 广西

生境： 生于非钙质山地常绿林及龙州的弄岗石灰岩上的常绿林中

海拔： 100—300米

保育信息： 国家保护Ⅱ级

摄影： 于胜祥

顶生金花茶

Camellia pingguoensis var. *terminalis* (J.Y.Liang & Z.M.Su) T.L.Ming & W.J.Zhang

重要特征

花近顶生，直径3.5—4.5厘米。萼片绿色，5—8毫米，革质。

地理分布： 广西

生境： 生于石灰岩山地常绿林下

海拔： 100—500米

保育信息： 濒危；极小种群；国家保护Ⅱ级

摄影： 于胜祥

五柱滇山茶

Camellia yunnanensis (Pit. ex Diels) Cohen-Stuart

重要特征

灌木或乔木。叶薄革质，卵形、卵状椭圆形、椭圆形、长卵形或卵状披针形，先端急尖，基部阔楔形、圆形或截形，边缘具细锯齿。花顶生或近顶生。小苞片及萼片9—11片，卵形至近圆形，革质；花瓣7—12片，白色，阔卵形至椭圆形。蒴果球形至扁圆，5爿裂。花期11月至翌年3月，果期8—10月。

地理分布： 贵州、四川、云南

生境： 生于森林、灌木丛

海拔： 800—3200米

保育信息： 曾被列为国家保护二批Ⅱ级

摄影： 刘冰

山矾科
Symplocaceae

柃叶山矾

Symplocos euryoides Hand.-Mazz.

重要特征

灌木。叶革质，卵形、狭卵形或狭椭圆形，长1.2—3（—3.5）厘米，先端急尖或短渐尖，基部楔形或圆，边缘具大小相间的腺质细尖锯齿；叶柄具2行腺质齿。花单生；苞片及小苞片狭卵形，先端渐尖；萼裂片狭卵形；花盘圆柱状。核果狭卵形，顶端宿萼裂片近直立。花期7—8月，果期9—12月。

地理分布： 海南

生境： 生于混交林中

海拔： 600—900米

保育信息： 易危

摄影： 秦新生

单花山矾

Symplocos ovatilobata Noot.

重要特征

灌木或小乔木。叶厚纸质，卵形、椭圆形或倒卵状椭圆形，长2—7（—8）厘米，先端渐尖或尾尖，基部钝或心形，边缘具锐锯齿。花单生；苞片和小苞片狭卵形，边缘有2—3枚腺点；花萼裂片卵形；花盘柱状。核果坛状，顶端宿萼裂片直立。花期10—11月，果期翌年1—2月。

地理分布： 海南

生境： 生于混交林中

海拔： 600—800米

保育信息： 濒危

摄影： 秦新生

安息香科
Styracaceae

秤锤树
Sinojackia xylocarpa Hu

重要特征

乔木。生于具花小枝基部的叶卵形，基部圆形或稍心形；其他叶片倒卵形或椭圆形，基部楔形至近圆形；所有叶片顶端急尖，边缘具硬质锯齿。花序有花3—5朵；花下垂；萼齿5—7，披针形；花冠裂片长圆状椭圆形，顶端钝。果实卵形，具圆锥状的喙；种子长圆状线形，深褐色。花期3—4月，果期7—9月

地理分布： 江苏
生境： 生于林缘
海拔： 500—800米
保育信息： 濒危；曾被列为国家保护一批Ⅱ级
摄影： 刘冰

楚雄安息香

Styrax limprichtii Lingelsh. & Borza

重要特征

灌木。叶互生，纸质，椭圆形或倒卵形，顶端急尖或短渐尖，基部圆形至宽楔形，边缘上部有锯齿。总状花序顶生，有花3—6朵；小苞片钻形；花萼萼齿钻形或三角形，不等长；花冠裂片椭圆形或卵状椭圆形，花冠管状。果实球形，不规则3爿裂，具纵皱纹，顶端具短尖头；种子卵形，褐色。花期3—4月，果期8—10月。

地理分布： 四川、云南

生境： 生于森林

海拔： 1700—2400米

保育信息： 易危

摄影： 刘冰

大果安息香

Styrax macrocarpus W.C.Cheng

重要特征

乔木，落叶。小枝基部叶近对生，顶部叶互生或近对生；叶片椭圆形至倒卵状椭圆形，长7—17厘米，纸质，顶端急尖，基部楔形或宽楔形。花单生于叶腋，先叶开放；花萼膜质，5—6齿，萼齿三角形；花冠管状，5—7裂，裂片椭圆形；雄蕊短于花冠。果实卵形至梨形，顶端具短尖头；种子暗褐色，有不整齐的深皱纹。花期5—6月，果期9—10月。

地理分布： 广东、湖南
生境： 生于森林灌木丛、荒坡、山沟
海拔： 500—800米
保育信息： 濒危
摄影： 刘冰

猕猴桃科
Actinidiaceae

软枣猕猴桃
Actinidia arguta (Siebold & Zucc.) Planch. ex Miq.

重要特征

攀援灌木。叶膜质或纸质，卵形、阔卵形至近圆形，有时卵状长圆形，长6—12厘米，顶端急渐尖，基部圆形至心形，边缘具锐锯齿。聚伞花序被淡褐色短绒毛。花绿白色或黄绿色；萼片4—6枚，卵圆形至长圆形；花瓣4—6片，楔状倒卵形或圆状倒卵形。果圆球形至长圆形，无毛，成熟时黄绿色或紫红色。花期4月，果期8—10月。

地理分布： 安徽、重庆、福建、甘肃、广西、贵州、河北、黑龙江、河南、湖北、湖南、江西、吉林、辽宁、陕西、山东、山西、四川、台湾、云南、浙江；日本、韩国

生境： 生于山林、灌丛、河流边、湿润地带

海拔： 700—3600米

保育信息： 国家保护Ⅱ级

摄影： 刘冰

中华猕猴桃

Actinidia chinensis Planch.

重要特征

攀援灌木。叶纸质，倒阔卵形至倒卵形或阔卵形至近圆形，顶端截平形，中间凹入或具突尖、急尖至短渐尖，基部圆形、截形至心形，边缘具齿。聚伞花序1—3花；花橙黄色；花瓣（3—）5（—8），阔倒卵形，基部有短爪。果黄褐色，近球形、圆柱形、倒卵形或椭圆形，具褐色皮孔；宿存萼片反折。花期4—5月，果期9月。

地理分布： 安徽、重庆、福建、甘肃、广东、广西、贵州、河南、湖北、湖南、江苏、江西、陕西、四川、台湾、云南、浙江

生境： 生于山地森林、稀疏的再生林、高草灌丛，低山灌丛

海拔： 200—2600米

保育信息： 国家保护Ⅱ级

摄影： 刘冰

葛枣猕猴桃

Actinidia polygama (Siebold & Zucc.) Maxim.

重要特征

攀援灌木。叶膜质至薄纸质，卵形或长圆状卵形，长7—14厘米，顶端急渐尖至渐尖，基部圆形或阔楔形，边缘有细锯齿，腹面散生小刺毛。花序1—3花；花白色；萼片4—5片，卵形至长圆状卵形；花瓣5片，倒卵形至长圆状倒卵形。果熟时橙色，卵形或柱状卵形，无毛，顶端有喙。花期6—7月，果期9—10月。

地理分布： 安徽、重庆、甘肃、贵州、河北、黑龙江、河南、湖北、湖南、吉林、辽宁、陕西、山东、四川、云南；日本、韩国、俄罗斯

生境： 生于山地森林

海拔： 500—1900米

保育信息： 曾被列为国家保护二批Ⅱ级

摄影： 刘冰

杜鹃花科
Ericaceae

近无柄树萝卜

Agapetes subsessilifolia S.H.Huang, H.Sun & Z.K.Zhou

重要特征

灌木，无毛。叶散生，有时近对生；叶片卵状长圆形至阔椭圆形，革质，次级脉4—6对，基部圆形，边缘平，近全缘，基部腺体不明显，先端渐尖。伞房花序，具3—5花；总梗长2.5—3.5厘米。花梗先端棒状。萼筒长约4毫米；萼部裂达2/3左右；裂片狭三角形。花冠筒红色，带紫色之字形条带，管状；裂片三角形，短。花期10月。

地理分布： 西藏
生境： 林中，树上附生
海拔： 约1600米
保育信息： 稀有
摄影： 刘冰

长梗白珠

Gaultheria dolichopoda Airy Shaw

重要特征

小灌木。叶长圆状倒披针形或长圆状椭圆形，革质或硬革质，长6—13毫米，先端钝圆，具凸尖，基部楔形，边缘具细锯齿。花单一、腋生，无总苞；小苞片2，宽卵形，革质；花萼5裂，裂片卵状三角形；花冠段管状，白色，裂片长圆形。花萼果期蓝色，蒴果梨形无毛。花期7月，果期7—8月。

地理分布：西藏；缅甸

生境：生于冷杉林、高山灌丛及草地、多岩石地区

海拔：3000—4400米

保育信息：稀有

摄影：刘冰

西藏白珠

Gaultheria wardii C.Marquand & Airy Shaw

重要特征

灌木。叶片长圆形、卵形或椭圆形，革质，长3—7厘米，先端短渐尖，基部圆形或钝，边缘反折，具细齿。总状花序腋生或圆锥花序顶生；苞片菱状卵形或长圆状披针形；小苞片2，线状披针形；花萼裂片卵形或狭三角形；花冠白色，坛状至管状。花萼果期多汁，蓝黑色。花期6—8月，果期8月至翌年3月。

地理分布：西藏、云南；印度、缅甸

生境：生于森林边缘、草坡

海拔：1000—2700（—3100）米

保育信息：稀有

摄影：刘冰

美丽马醉木

Pieris formosa (Wall.) D.Don

重要特征

灌木或小乔木。叶革质，披针形、椭圆形或长圆形，稀倒披针形，长3—14厘米，先端渐尖或锐尖，边缘具细锯齿，基部楔形至钝。花序圆锥状或总状；萼片披针形；花冠坛状，裂片宽三角形。蒴果卵形；种子纺锤形。花期5—6月，果期7—9月。

地理分布： 福建、甘肃、广东、广西、贵州、湖北、湖南、江西、陕西、四川、西藏、云南、浙江；不丹、印度、缅甸、尼泊尔、越南

生境： 生于灌丛、开阔山坡

海拔： 500—3800米

保育信息： 易危

摄影： 刘冰

南边杜鹃

Rhododendron chrysocalyx subsp. *meridionale* (P.C.Tam) X.F.Jin & B.Y.Ding

重要特征

直立灌木。叶片纸质，披针形或狭披针形，长1.5—4（—7.5）厘米，先端短尾状渐尖，基部狭楔形，边缘波状反卷。花序有花3—6朵；花萼裂片不明显；花冠阔漏斗形，紫色或紫红色，花冠管圆筒状，裂片长圆状披针形；雄蕊伸出花冠外；花柱与雄蕊等长。蒴果卵球形。花期3—4月，果期10—11月。

地理分布：广西

生境：生于山谷林地、开放林区、山沟

海拔：500—1300米

保育信息：稀有

摄影：刘冰

海南杜鹃

Rhododendron hainanense Merr.

重要特征

小灌木。叶近革质，线状披针形至狭披针形，长2—4厘米，先端锐尖，具短尖头，基部楔形，边缘微反卷，浅波状。花1—3朵顶生；花萼裂片长卵形；花冠漏斗形，红色，花冠管筒状，裂片倒卵形；花柱比雄蕊长。蒴果卵球形。花期10—12月。

地理分布：广西、海南
生境：生于林缘、河边
海拔：300—500（—1300）米
保育信息：易危
摄影：秦新生

管花杜鹃

Rhododendron keysii Nutt.

重要特征

常绿直立灌木。叶片革质，披针状椭圆形或披针状长圆形，长（5—）4—8（—15）厘米，顶端急尖，基部楔形。花序腋生，短总状，通常有4—5花；花萼裂片短卵形；花冠管状，一面稍膨胀，橙色、朱红或深红色，裂片长圆形，直立。蒴果圆柱形。花期6—7月，果期10月。

地理分布：西藏；不丹、印度

生境：生于森林、灌丛

海拔：2400—4300米

保育信息：稀有

摄影：刘冰

太白杜鹃

Rhododendron purdomii Rehder & E.H.Wilson

重要特征

灌木或小乔木。叶革质，长圆状披针形至长圆状椭圆形，先端钝圆，具突尖头，基部楔形，边缘反卷。总状伞形花序；花萼裂片5，宽三角形；花冠钟形，裂片5，淡粉红色或白色；筒部上方具紫斑，裂片5。蒴果圆柱形，微弯。花期5—6月，果期7—9月。

地理分布：甘肃、河南、陕西
生境：生于森林、山坡上
海拔：1800—3500米
保育信息：易危
摄影：刘冰

杜仲科
Eucommiaceae

杜仲
Eucommia ulmoides Oliv.

重要特征

乔木。叶片长5—15厘米；正面初被褐色柔毛，后仅叶脉被柔毛；侧脉6—9对，与网脉在上面下陷，在下面稍突起。雄蕊长约1厘米，无毛，花丝长约1毫米；雌花子房无毛。翅果长2.5—3.5厘米，具关节。花期3—5月，果期6—11月。

地理分布： 甘肃、贵州、河南、湖北、湖南、陕西、四川、云南、浙江

生境： 生于混交林、熟林、灌丛、低山、山脊、山谷、干燥山沟

海拔： 100—2000米

保育信息： 易危；《国家重点保护野生药材物种名录》Ⅱ级

摄影： 刘冰

茜草科
Rubiaceae

绣球茜
Dunnia sinensis Tutcher

重要特征

灌木。叶纸质或革质，狭披针形或倒披针形，顶端渐尖或短尖，很少钝，基部渐狭，常下延，边缘常反卷；托叶卵形或三角形，宿存，有柔毛，顶端尖，常2裂。花冠裂片三角状卵形。花果期4—11月。

地理分布： 广东

生境： 生于山谷溪边灌丛中或林中

海拔： 200—900米

保育信息： 国家保护Ⅱ级

摄影： 王瑞江

太鲁阁猪殃殃

Galium tarokoense Hayata

重要特征

多年生草本。茎4棱，无毛，光滑。叶4片轮生；叶片干纸质，菱状椭圆形、椭圆形或倒卵形，无毛，基部急尖至楔形，边缘平或稍卷，先端急尖或稍钝。聚伞花序顶生或腋生，具1或数朵小花。花冠淡黄色，扭转；裂片4，三角状长圆形，急尖。花果期夏冬季。

地理分布： 台湾

生境： 石灰岩地区隐蔽处

海拔： 1400—2700米

保育信息： 濒危

摄影： 杨中宇

内蒙野丁香

Leptodermis ordosica H.C.Fu & E.W.Ma

重要特征

多枝小灌木。叶厚纸质，长圆形至椭圆形，有时阔椭圆形，顶端短尖或稍钝，基部楔形或渐狭，边缘常稍反卷，两面近无毛；托叶三角状卵形或卵状披针形，比叶柄稍长，顶端具短尖头，边缘有或无小齿。花1—3朵簇生于枝顶和近枝顶的叶腋；小苞片2，1/2—2/3合生，分离部分呈二唇形，裂片顶端尾状渐尖。萼裂片5，长圆状披针形；花冠紫红色，有香气，漏斗形，裂片4—5，卵状披针形。花果期7—8月。

地理分布： 内蒙古、宁夏

生境： 岩石裂缝中

海拔： 约1600米

保育信息： 易危

摄影： 王瑞江

巴戟天

Morinda officinalis F.C.How

重要特征

藤本。叶薄或稍厚，纸质，干后棕色，长圆形、卵状长圆形或倒卵状长圆形，顶端急尖或具小短尖，基部钝、圆或楔形，边全缘；托叶顶部截平，干膜质，易碎落。花序生于枝顶；花序近球形或半球形，具1—10朵花。花萼裂片2—4，三角形，钝或急尖。花冠白色，钟形或坛形；裂片2—4，披针形或狭长圆形，顶端厚且扭转。核果红色，近球形。花期5—7月，果期10—11月。

地理分布： 福建、广东、海南、广西
生境： 生于山地疏、密林下和灌丛中，常攀于灌木或树干上
海拔： 100—500米
保育信息： 易危；国家保护Ⅱ级
摄影： 王瑞江

大叶玉叶金花

Mussaenda macrophylla Wall.

重要特征

常绿乔木。叶长椭圆形、椭圆形、阔椭圆形至狭卵形，长16—22厘米，上表面光滑无毛，或仅沿中肋处被短毛；叶柄长约2—6厘米；托叶三角形，长约7—10毫米。聚伞花序顶生，雌雄异株；花萼5裂，叶状萼片白色，棱形或阔卵形，长7.5—10.5厘米；花冠橙色，筒状5裂，长15—30毫米，外被长毛；雄花花柱不伸出花冠筒外。果实椭圆柱形，被疏毛。

地理分布： 广东、广西、台湾；菲律宾、马来半岛、尼泊尔、印度、印度尼西亚
生境： 林缘
海拔： 840—1700米
保育信息： 近危
摄影： 杨中宇

小玉叶金花

Mussaenda parviflora Miq.

重要特征

常绿蔓性灌木。叶长椭圆形、椭圆形至狭卵形，长5—8厘米，上表面光滑无毛，或仅沿中肋处被短毛；叶柄长约5—10毫米；托叶三角形，长约3—5毫米。聚伞花序顶生，雌雄异株；花萼5裂，叶状萼片白色，长椭圆形或椭圆状披针形；花冠白色，筒状5裂。果实圆球形，光滑；种子细小，许多。

地理分布：广东、台湾；日本

生境：生于低海拔湿润常绿阔叶林中以及河岸、路边

海拔：50—400米

保育信息：易危

摄影：杨中宇

丁茜

Trailliaedoxa gracilis W.W.Sm. & Forrest

重要特征

直立亚灌木。叶革质，倒卵形或倒披针形，顶端圆或钝，基部渐狭成1柄，全缘，上面无毛或被疏毛，下面色较淡；托叶锥形，2裂。花序有花6—12朵；花萼裂片狭椭圆形或倒披针形至线形，急尖；花冠裂片椭圆状匙形，钝至圆。花期7—8月，果期8月。

地理分布：四川、云南
生境：生于干热河谷两旁的岩石中和山坡草丛中
海拔：1400—3000米
保育信息：易危；曾被列入国家保护一批Ⅱ级
摄影：王瑞江

侯钩藤

Uncaria rhynchophylloides F.C.How

重要特征

藤本。叶片干厚纸质，干时深褐色至灰褐色，卵形、披针形或椭圆状卵形，基部钝圆，先端渐尖；托叶一般宿存，卵形，深2裂，裂片三角状卵形，急尖至渐尖。花序腋生，常3—5簇生于顶端；小苞片线形或线状匙形。花冠高脚碟盘状；裂片倒卵形或长圆状倒卵形。果无柄，卵状椭圆形。花果期5—12月。

地理分布：广东、广西

生境：生于林中或林缘

海拔：500—800米

保育信息：易危

摄影：王瑞江

桂海木

Wendlandia acaulis (H.S.Lo) P.W.Xie & D.X.Zhang

重要特征

矮小灌木；茎极短或近无茎。叶纸质，阔倒卵形。聚伞花序顶生，密花；花冠淡红色，裂片5；雄蕊5，花药狭卵形或披针形。果紫色，球形，宿萼裂片线状披针形。花期4月。

地理分布： 广西
生境： 生于隐蔽岩石上
海拔： 100—600米
保育信息： 极危
摄影： 王瑞江

夹竹桃科
Apocynaceae

橙花球兰
Hoya lasiogynostegia P.T.Li

重要特征

附生植物，除小枝和幼叶柄外无毛。茎长2米，浅灰色。叶片卵状披针形，基部圆，先端心形。假伞形花序顶端平，多花。花冠黄色，扭曲；裂片阔卵形。花期4月。

地理分布： 海南
生境： 生于山林
海拔： 约900米
保育信息： 濒危
摄影： 秦新生

富宁藤

Parepigynum funingense Tsiang & P.T.Li

重要特征

藤本，除花序及幼嫩部分外，全株无毛。叶对生，长圆状椭圆形至长圆形，长8—15厘米；叶脉远距，每边10—13条。聚伞花序伞房状，顶生及腋生，着花6—13朵；花冠黄色，浅高脚碟状。蓇葖2枚合生，狭披针形，外果皮绿色；种子棕褐色，线状长圆形。花期4—9月，果期8—12月。

地理分布： 贵州、云南

生境： 生于山地密林中

海拔： 1000—1800米

保育信息： 国家保护Ⅱ级

摄影： 刘冰

驼峰藤

Vincetoxicum hainanense (Chun & Tsiang) Meve, H.H.Kong & Liede

重要特征

藤本。叶片卵形，5—15厘米长，膜质，基部圆或心形。聚伞花序明显，多花；萼片卵状，具睫毛；花冠黄色，具脉；裂片阔卵形。种子卵形或近圆形。

地理分布： 广东、海南；柬埔寨
生境： 生于山地林谷中
海拔： 300—1100米
保育信息： 濒危；国家保护Ⅱ级
摄影： 秦新生

紫草科
Boraginaceae

黄花软紫草
Arnebia guttata Bunge

重要特征

多年生草本。根含紫色物质。茎通常2—4条，有时1条，直立，多分枝，高10—25厘米，密生开展的长硬毛和短伏毛。叶无柄，匙状线形至线形，长1.5—5.5厘米。镰状聚伞花序长3—10厘米，含多数花；苞片线状披针形；花冠黄色，筒状钟形，柱头肾形。小坚果三角状卵形，有疣状突起。花果期6—10月。

地理分布： 甘肃、河北、内蒙古、宁夏、新疆、西藏；阿富汗、印度、哈萨克斯坦、吉尔吉斯斯坦、蒙古、巴基斯坦、俄罗斯、塔吉克斯坦、土库曼斯坦、乌兹别克斯坦

生境： 生于戈壁、石质山坡、湖滨砾石地

海拔： 1600米以下

保育信息： 易危

摄影： 刘冰

滇紫草

Onosma paniculatum Bureau & Franch.

重要特征

二年生草本，稀多年生，高40—80厘米。茎单一，不分枝，上部叶腋生花枝，被伸展的硬毛及稠密的短伏毛。基生叶丛生，线状披针形或倒披针形；茎中部及上部叶逐渐变小。花序生茎顶及腋生小枝顶端，集为紧密或开展的圆锥状花序；花冠蓝紫色，后变暗红色，筒状钟形。小坚果暗褐色，具疣状突起。花果期6—9月。

地理分布： 贵州、四川、云南；不丹、印度

生境： 生于干燥山坡及松栎林林缘

海拔： 2000—2300米

保育信息： 易危

摄影： 刘冰

茄科
Solanaceae

三分三
Anisodus acutangulus C.Y.Wu & C.Chen

重要特征

多年生草本，高1—1.5米，全株无毛；主根粗大。叶片纸质或近膜质，卵形或椭圆形，长8—15厘米，全缘或呈微波状或偶为1—3齿，先端渐尖。花冠浅黄绿色，有时紫色；裂片紫色，筒背基部有一紫斑。

地理分布：四川、云南
生境：山坡、田埂上或林中路旁
海拔：2800—3100米
保育信息：极危
摄影：刘冰

山莨菪

Anisodus tanguticus (Maxim.) Pascher

重要特征

多年生宿根草本，高40—80厘米，有时达1米，茎无毛或被微柔毛；根粗大，近肉质。叶片纸质或近坚纸质，矩圆形至狭矩圆状卵形，长8—11厘米，两面无毛。花俯垂或直立；花冠钟状或漏斗状钟形，紫色或暗紫色，里面被柔毛。果实球状或近卵状，直径约2厘米；果梗长达8厘米，挺直。花期5—6月，果期7—8月。

地理分布： 甘肃、青海、四川、西藏、云南；尼泊尔

生境： 山坡、草坡阳处

海拔： 2000—4400米

保育信息： 曾被列入1999版国家保护Ⅱ级

摄影： 刘冰

单果红丝线

Lycianthes tibetica Li Bing Zhang & Yi F.Duan

重要特征

草本至亚灌木，小枝、叶柄及果柄均被柔毛及2分叉的星状柔毛，上部叶假双生，大小不相等，纸质、全缘，大小两种叶的叶片均卵形，先端短渐尖，基部圆形至宽楔形，侧脉每边4—5条。花未见。浆果单生于叶腋，红色；种子浅黄色，三角状肾形。花期7月，果期9—11月。

地理分布：西藏

生境：生于沟边常绿林下

海拔：约1700米

保育信息：濒危

摄影：刘冰

木樨科
Oleaceae

裂果女贞
Ligustrum sempervirens (Franch.) Lingelsh.

重要特征

常绿灌木，高1—4米。小枝具棱，红棕色，具皮孔，密被微柔毛，后脱落。叶片革质，椭圆形、宽椭圆形、卵形至近圆形，通常两面具斑状腺点。圆锥花序顶生，塔形，花密生；花序轴具棱，被微柔毛或无毛。花期6—8月，果期9—11月。

地理分布：四川、云南
生境：生山坡、河边灌丛中
海拔：1900—2700米
保育信息：易危
摄影：刘冰

苦苣苔科
Gesneriaceae

少毛横蒴苣苔
Beccarinda paucisetulosa C.Y.Wu ex H.W.Li

重要特征

多年生草本。根状茎短而粗。叶全部基生，具柄；叶片卵形，长2.5—4厘米，侧脉每边4—5条。花序梗8—12厘米；苞片阔卵形，疏被长肉毛；萼片狭卵形，外被疏长柔毛；花冠紫色。花期5月。

地理分布：云南
生境：生于林缘路旁
海拔：约2100米
保育信息：易危
摄影：刘冰

弄岗半蒴苣苔

Hemiboea longgangensis Z.Y.Li

重要特征

多年生草本。茎肉质，散生紫色斑点，节10—15。叶对生；稍肉质，长椭圆状或椭圆状披针形，全缘；无石细胞。聚伞花序近顶生或腋生，具2—3花；总苞近球形，顶端具尖头，开放时呈船形。萼片5，绿白色，线状披针形。花冠淡黄色，具紫斑；上唇2深裂，下唇3浅裂。退化雄蕊3。雌蕊被腺状短柔毛，子房线形，柱头略膨大，截形。蒴果线状披针形。花期9—10月，果期11月。

地理分布： 广西
生境： 生于山谷
海拔： 约100米
保育信息： 易危
摄影： 于胜祥

辐花苣苔

Oreocharis esquirolii H.Lév.

重要特征

多年生小草本。根状茎短。叶14—18，均基生，具柄；叶片纸质，多椭圆形，稀狭倒卵形，侧脉每侧3—4条。聚伞花序有5—9花；花冠4—5深裂，裂片披针状长圆形。蒴果线状披针形。花期7—8月，果期8月。

地理分布：贵州

生境：生于山地灌丛中或林下

海拔：1500—1600米

保育信息：易危；国家保护Ⅰ级

摄影：刘冰

心叶小花苣苔

Primulina cordifolia (D.Fang & W.T.Wang) Yin Z.Wang

重要特征

多年生小草本。叶片心状卵形或心形，长4—8.5厘米，基出脉5—7条，侧脉每侧2—3条。聚伞花序约4条，每花序有8—18花；花萼钟状，5裂达或近基部。花冠白色，长约1.4厘米。退化雄蕊2，近丝形，顶端头状。花盘环状。子房狭卵球形，密被淡褐色柔毛，花柱头扇形或倒梯形，顶端2裂。花期4月。

地理分布： 广西
生境： 生于石灰岩山陡崖上
海拔： 100—260米
保育信息： 稀有
摄影： 刘冰

大叶十字苣苔

Stauranthera grandifolia Benth.

重要特征

茎高10—30厘米，被短柔毛。叶片草质，两侧不对称，长圆形或长圆状倒卵形，长12—27厘米，宽4—9厘米，顶端渐尖；叶柄长1—3厘米。聚伞花序顶生，花序梗、花梗、苞片、花萼均被白色短柔毛；花序梗长5.5—8.5厘米；苞片对生，线形；花梗长1—2.5厘米；花萼5浅裂。花冠蓝白色，钟状，喉部淡黄色，花冠管长2.1厘米；上唇2浅裂，下唇3浅裂。雄蕊4，花丝被白色柔毛。子房和花柱均被稀疏的白柔毛。蒴果不规则开裂。

地理分布：海南、云南；印度、孟加拉、泰国、缅甸、马来西亚、印度尼西亚

生境：生于石灰岩石壁间潮湿处

海拔：500—600米

保育信息：稀有

摄影：秦新生

十字苣苔

Stauranthera umbrosa (Griff.) C.B.Clarke

重要特征

多年生草本。茎高4—22厘米，上部及叶柄均被锈色短柔毛。正常叶具短柄；叶片草质，两侧不对称，长圆形或椭圆状倒卵形，长8—25厘米，侧脉在狭侧7—8条，在宽侧约9条。聚伞花序顶生，有稀疏的花。花萼宽钟，5浅裂。花冠白色或紫色，宽钟状；上唇2深裂，下唇3浅裂。花期2—6月。

地理分布：广西、海南、云南；印度、马来西亚、缅甸、越南

生境：生于山地林中或林边

海拔：400—1100米

保育信息：稀有

摄影：秦新生

唇形科
Lamiaceae

痢止蒿

Ajuga forrestii Diels

重要特征

多年生草本，直立或具匍匐茎。茎高6—20厘米，密被柔毛。叶片纸质，披针形至卵形或披针状长圆形，长4—8厘米，两面密被柔毛。穗状聚伞花序顶生，通常长6厘米左右，由轮伞花序排列组成；花冠淡紫色、紫蓝色或蓝色，筒状；雄蕊4，二强；子房4裂，无毛。小坚果倒卵状三棱形。花期4—8月，果期—10月。

地理分布：四川、西藏、云南

生境：生于开阔的路旁、溪边等潮湿的草地、矮草丛中

海拔：1700—4000米

保育信息：稀有

摄影：刘冰

子宫草

Isodon oreophilus (Diels) A.J.Paton & Ryding

重要特征

多年生草本，高15—25厘米，花葶状，四棱形，具四槽，密被具节微柔毛。叶常4—6片呈密莲座状生于茎基部，长3—6厘米，阔楔形。聚伞花序密被腺状柔毛。花冠紫蓝色，外部散生褐色腺点，内面无毛。花期7—8月，果期9—10月。

地理分布： 云南
生境： 生于松林下或林缘草坡上
海拔： 2500—3700米
保育信息： 稀有
摄影： 刘冰

长刺钩萼草

Phlomoides longiaristata (C.Y.Wu & H.W.Li) Salmaki

重要特征

直立草本，高35—80厘米；根茎略肥大，具须根。茎直立，钝四棱形。叶片卵状圆形或圆形，边缘有粗大具胼胝体的锯齿状圆齿，膜质。轮伞花序腋生，8至多花，疏松；花冠白色，冠筒内藏，冠檐二唇形，上唇直伸，盔状，下唇开张，近等3裂。小坚果三棱状长圆形。花期10—11月，果期11月。

地理分布：西藏、云南

生境：生于密林下、水沟边

海拔：2000—2400米

保育信息：易危

摄影：刘冰

列当科
Orobanchaceae

肉苁蓉
Cistanche deserticola Ma

重要特征

高大草本，高40—160厘米。茎不分枝或自基部分2—4枝。叶宽卵形或三角状卵形，生于茎下部的较密，上部的较稀疏并变狭，披针形或狭披针形，两面无毛。花序穗状，长15—50厘米。花萼钟状，5裂。花冠筒状钟形，顶端5裂，裂片近半圆形，颜色有变异，淡黄白色或淡紫色，干后常变棕褐色。蒴果卵球形。种子椭圆形或近卵形，外面网状，有光泽。花期5—6月，果期6—8月。

地理分布： 甘肃、内蒙古、新疆、宁夏；蒙古

生境： 沙地

海拔： 200—1200米

保育信息： 濒危；国家保护Ⅱ级；CITES附录Ⅱ；《国家重点保护野生药材物种名录》Ⅲ级

摄影： 达来

矮生豆列当

Mannagettaea hummelii Harry Sm.

重要特征

植株矮小，高3—5厘米。茎极短，长1—1.5厘米。叶极少数，鳞片状，宽卵状三角形。花常数朵至十数朵簇生于茎的顶端，成伞房花序；花冠紫色，稍弯曲，筒部远比唇部长，顶端及内面密被长棉毛。蒴果长圆形或卵状球形；种子多数，甚小，长圆形，外面网状。花期6—7月，果期8—9月。

地理分布：甘肃、青海；俄罗斯

生境：生于山坡灌丛中及林下

海拔：3200—3700米

保育信息：易危

摄影：刘冰

圆茎翅茎草

Pterygiella cylindrica P.C.Tsoong

重要特征

一年生草本，直立，高约25—60厘米，多毛。茎常单条，全长圆柱形，无棱角及翅。叶对生，全部茎出，稠密，基部的常早落，披针状线形至线形，近于草质，主脉三条。花序总状生于茎枝顶端，长可达12厘米，稠密；花冠黄色，二唇形。蒴果卵圆形，全包于宿萼内；种子极多数。花期9—11月，果期10—11月。

地理分布： 四川、云南

生境： 生于草坡上

海拔： 1800—2100米

保育信息： 稀有

摄影： 刘冰

翅茎草

Pterygiella nigrescens Oliv.

重要特征

一年生草本，直立，高约25—35（—50）厘米，全体密被褐色具腺短柔毛。茎单条，基部圆柱形，稍向上即变为四方形，沿四角有翅。叶片为披针形至狭披针形。花冠黄色。蒴果卵形，种子黑色。花期7—10月，果期9—10月。

地理分布：云南
生境：生于灌丛中
海拔：1700—2600米
保育信息：稀有
摄影：刘冰

天目地黄

Rehmannia chingii H.L.Li

重要特征

草本，高30—60厘米，茎单出或基部分枝。基生叶多少莲座状排列，叶片椭圆形，纸质；茎生叶外形与基生叶相似。花单生；花冠紫红色，外面被多细胞长柔毛；上唇裂片长卵形；下唇裂片长椭圆形。蒴果卵形，具宿存的花萼及花柱；种子多数，卵形至长卵形，具网眼。花期4—5月，果期5—6月。

地理分布： 安徽、江西、浙江
生境： 生于山坡、路旁草丛中
海拔： 100—500米
保育信息： 濒危
摄影： 刘冰

心翼果科
Cardiopteridaceae

琼榄
Gonocaryum lobbianum (Miers) Kurz

重要特征

灌木或小乔木；树皮灰色。叶革质，长椭圆形至阔椭圆形。花杂性异株，雄花排列成腋生密集、间断的短穗状花序，雌花和两性花少数，于短花序柄上排列成总状花序。核果椭圆形至长椭圆形，由绿色转紫黑色，干时有纵肋，顶端具短喙。花期1—4月，果期3—10月。

地理分布：海南、云南；柬埔寨、印度尼西亚、老挝、马来西亚、缅甸、泰国、越南

生境：生于山谷密林中

海拔：500—1800米

保育信息：稀有

摄影：秦新生

桔梗科
Campanulaceae

松叶辐冠参
Pseudocodon graminifolius (H.Lév.) D.Y.Hong

重要特征

茎缠绕，长在0.6米以下，无毛。叶常集中于茎中下部，密集；叶柄长2—12毫米；叶片极狭长，通常条形或近于针状，长可达10厘米，全缘，极少波状，无毛，纸质。花冠辐状而近于5全裂，裂片椭圆形。蒴果，有10条脉棱，无毛；种子极多，长圆状，无翼。花果期7—10月。

地理分布：贵州、云南、四川
生境：草地及松林下
海拔：3000米以下
保育信息：易危
摄影：刘冰

藏南党参

Codonopsis subsimplex Hook.f. & Thomson

重要特征

茎基有多数瘤状茎痕，根常肥大呈圆锥状，肉质。茎直立，长约35—70厘米，绿色。叶互生或近于对生，叶片阔卵形、卵形或近椭圆形，长达3—7厘米，近无毛。花冠阔钟状，淡黄绿至灰白蓝色，无毛，浅裂。蒴果整体略呈于球状，果喙长4—6毫米。种子多数，椭圆状，无翼，黄色，无光泽。花期7—8月，果期9—10月。

地理分布：西藏；不丹、印度、尼泊尔

生境：山地林下或灌丛中

海拔：约3100米

保育信息：易危

摄影：刘冰

菊科
Asteraceae

长叶紫菀
Aster dolichophyllus Y.Ling

重要特征

多年生草本，有根状茎及长匍枝。茎斜升，高约45厘米。茎基部及下部叶在花期生存，匙状至线状披针形，长10—17厘米；中部叶长5—9厘米；上部叶小，线状披针形。头状花序径约2.5厘米，约8个排列成疏散伞房状。舌状花约10余个，舌片白色。管状花被密短毛；冠毛浅红褐色。子房狭长圆形，被密粗毛。花期10月。

地理分布： 广西
生境： 生于疏林中水旁岩石上
海拔： 350—1250米
保育信息： 易危
摄影： 刘冰

白背紫菀

Aster hypoleucus Hand.-Mazz.

重要特征

低矮灌木，丛生，高15厘米；茎干多数，木质。顶枝及花梗在花后坚硬而短期宿存。叶椭圆形或倒披针形，长5—15毫米，全部叶革质。头状花序1—3个生于枝上；花序梗长2—3厘米，近无毛；总苞片4层，覆瓦状排列；舌状花约13个；管状花狭漏斗状，基部有毛；冠毛白色。瘦果（未熟）长圆状倒卵形，被密绢毛。花期7月。

地理分布：西藏

生境：江边沙坡、山坡石缝

海拔：3000—3700米

保育信息：稀有

摄影：刘冰

云岭火绒草

Leontopodium delavayanum Hand.-Mazz.

重要特征

多年生草本。茎直立，不分枝，高6—13厘米，稍粗壮，被白色蛛丝状长棉毛，全部有叶。叶开展，披针形或披针状长圆形，长2—4.5厘米。苞叶多数，披针形；头状花序半球形，多数密集；总苞片约3层，小花异型，中央有多数雄花，外围有少数雌花。瘦果有疏粗毛。花期7—8月，果期9—10月。

地理分布： 云南；缅甸

生境： 生于高山山顶石砾草地或岩石上

海拔： 3400—4000米

保育信息： 稀有

摄影： 刘冰

栌菊木

Nouelia insignis Franch.

重要特征

灌木或小乔木，高3—4米。叶片厚纸质，长圆形或近椭圆形，长8—19厘米，侧脉7—8对。头状花序直立，单生，无梗；总苞钟形，花全部两性，白色；缘花花冠二唇形，外唇舌状，舌片开展，长圆形。瘦果圆柱形，有纵棱，被倒伏的绢毛。冠毛1层，微白色或黄白色，刚毛状。花期2—6月。

地理分布： 四川、云南

生境： 生于山区灌丛中

海拔： 1000—2900米

保育信息： 易危；曾被列为国家保护二批Ⅱ级

摄影： 刘冰

鹿草

Rhaponticum carthamoides (Willd.) Iljin

重要特征

多年生草本，高60—80厘米。根状茎粗厚。茎直立，不分枝，被稀疏的蛛丝毛。中下部茎叶较大，全形长椭圆形、倒披针形或披针形；向上的叶及接头状花序下部的叶渐小，披针形，无柄。头状花序单生；小花全部为两性，紫红色。瘦果长椭圆形，褐色，有4棱。冠毛多层。花果期7月。

地理分布：新疆；西伯利亚、中亚、蒙古

生境：生于山坡草地、草甸

海拔：2000—2700米

保育信息：稀有

摄影：刘冰

苞叶雪莲

Saussurea obvallata (DC.) Edgew.

重要特征

多年生草本，高16-60厘米。根状茎粗，颈部被稠密的褐色纤维状撕裂的叶柄残迹。茎直立，有短柔毛或无毛。基生叶有长柄；叶片长椭圆形或长圆形、卵形，长7-20厘米；茎生叶与基生叶同形并等大，无柄。头状花序2-16个，在茎端密集成球形的总花序。小花蓝紫色。瘦果长圆形。花果期7-9月。

地理分布： 青海、四川、西藏、云南；不丹、印度、克什米尔、缅甸、尼泊尔

生境： 生于高山草地、山坡多石处、溪边石隙处、流石滩

海拔： 3200—5200米

保育信息： 稀有

摄影： 刘冰

七裂蒲儿根

Sinosenecio septilobus (C.C.Chang) B.Nord.

重要特征

近葶状多年生草本。根状茎覆盖以宿存残叶基，具多数纤维状根。茎通常单生，直立，高30—55厘米。基生叶数个，莲座状，具长柄；叶片轮廓圆形。头状花序7—13个排列成顶生，多少近伞形状伞房花序。舌状花约13，舌片黄色，长圆形，具4条脉；管状花多数，花冠黄色。瘦果圆柱形，无毛；冠毛白色。花期5—6月。

地理分布：重庆、贵州
生境：生于灌丛、岩上或路边
海拔：400—2300米
保育信息：稀有
摄影：刘冰

武夷华千里光

Sinosenecio wuyiensis Y.L.Chen

重要特征

多年生草本；根状茎细，颈部具残存叶柄。茎纤细，直立或斜升，高（6—）10—20厘米，不分枝或稀分枝。基生叶莲座状，具长叶柄；叶片纸质或近革质，宽扇形或近圆形；茎生叶与基生叶同形。头状花序辐射状，通常2—3，稀单生。舌状花13—14，舌片黄色，长圆形；管状花多数，黄色。瘦果圆柱形。花期4—9月。

地理分布：福建、江西
生境：生于山顶草甸岩壁上
海拔：1200—2200米
保育信息：稀有
摄影：侯学良

革苞菊

Tugarinovia mongolica Iljin

重要特征

叶片椭圆形、长圆形或卵形，羽状深裂或浅裂，两面被蛛网状或绵状毛；裂片宽短，具不规则浅刺齿。苞片革质，具浅刺齿；外部苞片叶状；内部苞片小，叶状苞。花冠白色。瘦果长圆形，密被丝状长柔毛。冠毛污白色。花果期5—6月。

地理分布： 宁夏、内蒙古；蒙古
生境： 生于干旱草地
海拔： 约1500米
保育信息： 易危；国家保护Ⅱ级
摄影： 杨永

五福花科
Adoxaceae

香荚蒾
Viburnum farreri Stearn

重要特征

落叶灌木，高达5米；当年小枝绿色，近无毛，二年生小枝红褐色，后变灰褐色或灰白色。冬芽椭圆形，顶尖，有2—3对鳞片。叶对生，椭圆形或菱状倒卵形。圆锥花序生于能生幼叶的短枝之顶，有多数花，花先叶开放，芳香；花冠蕾时粉红色，开后变白色，高脚碟状。果实熟时紫红色，矩圆形。花期4—5月，果期6—7月。

地理分布：甘肃、青海、新疆
生境：生于山谷林中
海拔：1600—2800米
保育信息：稀有
摄影：刘冰

珍珠荚蒾

Viburnum foetidum var. *ceanothoides* (C.H.Wright) Hand.-Mazz.

重要特征

落叶灌木，直立或攀援。叶倒卵形，长2—5厘米，侧脉2—3，上部边缘有大锯齿。总花梗长1—2.5（—8）厘米。花期4—6月，果期9—12月。

地理分布：贵州、四川、云南
生境：生于山坡密林或灌丛中
海拔：900—2600米
保育信息：濒危
摄影：刘冰

忍冬科
Caprifoliaceae

七子花
Heptacodium miconioides Rehder

重要特征

株高可达7米；幼枝略呈4棱形，疏被短柔毛；茎干树皮灰白色，片状剥落。叶厚纸质，卵形或矩圆状卵形，长8—15厘米。圆锥花序近塔形；小花序头状，各对小苞片形状、大小不等；花白色，芳香；花冠外面密生倒向短柔毛。花期7—9月，果期9—11月。

地理分布： 安徽、湖北、浙江
生境： 生于山地密林中或山谷溪旁
海拔： 600—1000米
保育信息： 濒危；国家保护Ⅱ级
摄影： 刘冰

五加科
Araliaceae

东北土当归
Aralia continentalis Kitag.

重要特征

多年生草本，具块状根茎。二回或三回羽状复叶，羽片3—7片小叶，小叶异形，膜质。伞形花序，圆锥状，具灰色毛；苞片卵形；有花多数。果实球形，花柱宿存。花期7—8月，果期8—9月。

地理分布： 安徽、河北、河南、吉林、辽宁、陕西、四川、西藏；韩国、俄罗斯
生境： 生于森林下和山坡草丛中
海拔： 800—3200米
保育信息： 易危
摄影： 刘冰

西藏土当归

Aralia tibetana G.Hoo

重要特征

多年生草本。叶在茎上部为二回羽状复叶，羽片有小叶3—5片；小叶片膜质或纸质，异形，顶生者长圆状卵形，侧生者菱状长圆形或心形，侧脉5—8对。圆锥花序顶生；分枝在主轴基部者单生，在中部以上者2—6个轮生；伞形花序1—3个在分枝上总状着生。果实卵球形，有5棱。花期8月，果期9月。

地理分布：西藏

生境：生于森林下或灌丛中

海拔：3200—3500米

保育信息：易危

摄影：刘冰

刺五加

Eleutherococcus senticosus (Rupr. & Maxim.) Maxim.

重要特征

灌木，枝密生刺。掌状复叶，叶有小叶3—5，小叶片纸质，椭圆状倒卵形或长圆形。伞形花序单个顶生，或2—6个组成稀疏的圆锥花序；花紫黄色；子房5室，花柱全部合生成柱状。果实球形或卵球形，柱头宿存。花期6—7月，果期8—10月。

地理分布：北京、河北、河南、黑龙江、吉林、辽宁、陕西、山西、四川；日本、韩国、俄罗斯

生境：生于森林或灌丛中

海拔：2000米以下

保育信息：《国家重点保护野生药材物种名录》Ⅲ级

摄影：刘冰

伞形科
Apiaceae

雾灵柴胡
Bupleurum sibiricum var. *jeholense* (Nakai) Y.C.Chu ex R.H.Sham & Yin Li

重要特征

多年生草本。数茎成丛生状。基生叶很多，狭长披针形；茎生叶无柄，披针形。复伞形花序；小总苞片5，黄绿色；花瓣黄色。果实宽椭圆形，暗褐色；果棱狭翼状。花果期7—9月。

地理分布： 河北
生境： 生长于山坡
海拔： 1500—2000米
保育信息： 濒危
摄影： 刘冰

山茴香

Carlesia sinensis Dunn

重要特征

多年生草本。根圆锥形。茎直立。基生叶基部有鞘，叶三回羽状全裂；茎生叶有短柄，叶片二至三回羽状全裂。复伞形花序顶生或腋生；总苞片线形；小总苞片钻形至线形。花白色；花瓣倒卵形。果实长倒卵形至长椭圆状卵形；每棱槽内具油管3。花果期7—9月。

地理分布： 辽宁、山东；韩国
生境： 生于山峰石缝
海拔： 300—1000米
保育信息： 国家保护Ⅱ级
摄影： 刘冰

珊瑚菜

Glehnia littoralis F.Schmidt ex Miq.

重要特征

多年生草本。根圆柱形或纺锤形，黄白色。叶多数基生，厚质，有长柄，三出式分裂至三出式二回羽状分裂，末回裂片倒卵形至卵圆形。复伞形花序；伞辐8—16，不等长；小苞片线状披针形。果实近圆形球形或倒广卵形，长6—13毫米，宽 6—10毫米，密被长柔毛及绒毛，果棱有木栓质翅。花果期6—8月。

地理分布：福建、广东、河北、江苏、辽宁、山东、台湾、浙江；日本、韩国、俄罗斯

生境：生长于海边沙滩

海拔：50—100米

保育信息：极危；国家保护Ⅱ级

摄影：刘冰

美丽滇藁本

Hymenidium amabile (Craib & W.W.Sm.) Pimenov & Kljuykov

重要特征

多年生草本。根粗壮，直伸。茎直立，不分枝。叶片三角卵形，三至四回羽状复叶。顶生伞形花序，有总苞片3—8；伞辐20—30。花白色至紫红色，倒心形。果实卵状长圆形。花期7—9月，果期9—10月。

地理分布： 西藏、云南；不丹、印度（锡金）

生境： 生长于山坡草地或灌丛中

海拔： 3000—5100米

保育信息： 易危

摄影： 刘冰

后记

Postface

关于本书

深圳报业集团有志于通过加强科普宣教来进一步推动我国濒危物种的保育事业，与南京林业大学和仙湖植物园的研究人员合作，出版濒危物种书籍。本书精选了中国珍稀濒危植物631种。本书与《中国植物红皮书（第一册）》和《中国珍稀濒危植物图鉴》不同：首先，收录范围更广，涵盖已公布的《国家重点保护野生植物名录》《中国物种红色名录》《中国生物多样性红色名录——高等植物卷》收录种类，极小种群植物种类，以及少量未评估的稀有植物种类；其次，本书采用最新分类系统APG Ⅳ，与《中国植物志》分类系统不同。第三，本书包含蕨类植物。

为了让读者更好地了解中国濒危植物，本书提供了植物的重要形态特征、地理分布、海拔范围、生境以及保育信息。物种数据参考《中国植物志》、*Flora of China*以及最新发表的研究论文等，物种学名参考中国生物物种名录。在保育信息中，我们也标注了濒危等级（覃海宁等，

2017）、CITES收录情况、国家保护等级（2021）、国家重点保护野生药材物种名录》（1987）以及极小种群情况，未开展濒危等级评估的种类标注为“稀有”及“曾被列为保护植物”，应在将来国家或地区水平上的红色名录评估中重点关注。最后，本书还为每个收录物种提供了1—3张生态照片，便于读者更好地直观了解和认识濒危物种。

最后，本书可作为植物分类学和生态学的研究者，以及高校师生和生物多样性保护实践工作者的参考用书。笔者希望通过本书让读者了解和认识中国植物的濒危物种概况，让有志于开展物种保育的研究人员和爱好者能及早采取行动，去研究这些物种的濒危机制，并采取切实可行的保育措施保育这些濒危物种。现在需要分类学家、社会公众和政府管理者通力合作，采取切实有效的措施来保育这些濒危物种。本书成稿于2017年6月，在出版前对部分数据进行了更新和微调。由于编者时间、精力和能力所限，错漏之处在所难免，恳请读者批评指正。

致谢

中国科学院植物研究所的张宪春、陈文俐、陈又生、于胜祥、刘冰、李爱莉，中国科学院昆明植物研究所的税玉明、龚洵、刘健，中国科学院华南植物园的李世晋、陈炳辉、郭丽秀、罗江平、王瑞江、薛彬娥、袁琼、童恬静、宋柱秋、张煜、曾佑派，中国科学院广西植物研究所的许为斌和黄俞淞，厦门大学的侯学良，华南农业大学的秦新生，黔南师范学院的郭志友，云南省林科院的蒋宏，内蒙古阿拉善盟环保局的达来，江西农业大学的张志勇等老师和朋友们鼎力支持，提供了濒危物种照片。覃海宁提供了中国植物物种红色名录数据，李敏提供了极小种群植物名录。曾刚、金维胤、肖天文和李海文在物种特征描述、地理分布、生境等方面的数据收集和整理中提供了帮助。刘冰提供了最新的维管植物分类系统，按照张宪春的观点保留了爬树蕨科。王瑞江和薛彬娥更新了番荔枝科和茜草科的学名变更，并提供了最近发表的论文。北京林业大学谢磊提供了北京水毛茛的图片。深圳报业集团出版社在本书出版过程中给予了支持和帮助，在此一并致谢。

中国濒危植物新编

重要参考文献

References

多识团队. 多识植物百科，2016至今. http: //doucet.ibiodiversity.net

傅立国. 中国珍稀濒危植物. 上海：上海教育出版社，1989.

傅立国. 中国植物红皮书——稀有濒危植物（第一册）. 北京：科学出版社，1992.

国家环境保护局，中国科学院植物研究所. 中国珍稀濒危保护植物名录（第一册）. 北京：科学出版社，1987.

国家环境保护部，中国科学院. 中国生物多样性红色名录——高等植物卷，2013.

国家林业和草原局，国家公园管理局. 国家重点保护野生植物名录. 2021. http://www.forestry. gov. cn/main/3954/20210908/163949170374051. html

顾云春. 中国国家重点保护野生植物现状。中南林业调查规划，2003，22：1–7.

贺善安. 中国珍稀植物. 上海：上海科技术出版社，1998.

黄宏文，张征. 中国植物引种栽培及迁地保护的现状与展望. 生物多样性，2012，20：559–571.

黄璐琦，肖培根. 中国珍稀濒危药用植物资源调查. 上海：上海科学技术出版社，2012.

黄威廉. 贵州珍稀濒危植物. 北京：中国环境科学出版社，1989.

李玉媛. 云南国家重点保护野生植物. 昆明：云南科技出版社，2005.

李忠平，唐小平. 国家重点野生植物的就地保护. 北京：中国林业出版社，2006.

梁建平. 广西珍稀濒危树种. 南宁：广西科学技术出版社，2001.

覃海宁，杨永，董仕勇，等. 中国高等植物受威胁物种名录。生物多样性，

2017，25：696-744.

任海，金效华，王瑞江，文香英，主编. 中国植物多样性与保护. 郑州：河南科学技术出版社，2022.

任海，简曙光，刘红晓，等. 珍稀濒危植物的野外回归研究进展. 中国科学：生命科学，2014，44：230-237.

任海，张倩媚，王瑞江. 广东珍稀濒危植物的保护与研究. 北京：中国林业出版社，2016.

孙卫邦. 云南省极小种群野生植物保护实践与探索. 昆明：云南科技出版社，2013.

孙卫邦，韩春艳. 论极小种群野生植物的研究及科学保护. 生物多样性，2015，23：426-429.

刑福武. 中国的珍稀植物. 长沙：湖南教育出版社，2005.

杨庆文. 国家重点保护农业野生植物图鉴. 北京：中国农业出版社，2013.

杨文忠，向振勇，张珊珊等. 极小种群野生植物的概念及其对我国野生植物保护的影响. 生物多样性，2015，23：419-425.

杨永，刘冰，Njenga DM. 中国裸子植物物种濒危和保育现状. 生物多样性，2017，25：758-764.

印红主编. 中国珍稀濒危植物图鉴. 北京：中国林业出版社，2013.

于永福. 一九九九年八月四日中华人民共和国国务院正式批准公布国家重点保护野生植物名录（第一批）. 植物杂志，1999，5：3-11.

苑虎，张殷波，覃海宁等. 中国国家重点保护野生植物的就地保护现状. 生物多样性，2009，17：280-287.

张宪春，孙久琼. 石松类和蕨类名词及名称. 北京：中国林业出版社，2015.

钟育谦. 江苏珍稀植物图鉴. 南京：南京师范大学出版社，2016.

Zhang L，Schuettpelz E，Rothfels CJ，Zhou XM，Gao XF，Zhang LB. Circumscription and Phylogeny of the Fern Family Tectariaceae Based on Plastid and Nuclear Markers，with the Description of Two New Genera：*Draconopteris* and *Malaifilix*（Tectariaceae）. Taxon，2016，65：723-738.